1

·	9	12	[illegible]	[illegible]	[illegible]	[illegible]	[illegible]	[illegible]	[illegible]
4	36	48	[illegible]	[illegible]	[illegible]	[illegible]	[illegible]	[illegible]	[illegible]
8	72	96	[illegible]	[illegible]	[illegible]	[illegible]	[illegible]	[illegible]	[illegible]
10	90	120	[illegible]	[illegible]	[illegible]	[illegible]	[illegible]	[illegible]	[illegible]
20	180	240	[illegible]	[illegible]	[illegible]	[illegible]	[illegible]	[illegible]	[illegible]
7	63	84	[illegible]	[illegible]	[illegible]	[illegible]	[illegible]	[illegible]	[illegible]
50	450	600	[illegible]	[illegible]	[illegible]	[illegible]	[illegible]	[illegible]	[illegible]
9	81	108	135	63	270	180	[illegible]	[illegible]	[illegible]

✓ heißt: Ich habe kontrolliert, es stimmt.

2*
50 ✓ · 7 = 350 350:7=50
12 · 5 = 60 60:5=12
60 · 3 = 180 180:3=60
40 · 2 = 80 80:2=40
· 0 = 900 n.l.
15 · 6 = 90 90:6=15

3
9 · 70 = 630 630:70=9
4 · 14 = 56 56:14=4
8 · 30 = 240 240:30=8
7 · 1 = 7 7:1=7
1 · 88 = 88 88:88=1
5 · 90 = 450 450:90=5

4
795 + 6 = 801
388 + 7 = 395
593 + 8 = 601
978 + 9 = 987

5
412 – 30 = 382
806 – 10 = 796
333 – 50 = 283
627 – 30 = 597

6
735 – 120 = 615
341 – 240 = 101
666 – 370 = 296
207 – 140 = 67

7

Zahl a	50	100	60	200	130	70	1000	90
$\frac{1}{5}$ a	10 ✓	20	12	40	26	14	200	18
$\frac{3}{5}$ a	30 ✓	60	36	120	78	42	600	54
$\frac{4}{5}$ a	40 ✓	80	48	160	104	56	800	72

2 *Schreibe „n. l." bei nicht lösbaren Aufgaben.

1

·	5	10	8	3	6	0	20	7	50
13	65	130	104	39	78	0	260	91	650
30	150	300	240	90	180	0	600	210	1500
33	165	330	264	99	198	0	660	231	1650

2
7 · 35 = 245
210/35
7 · 53 = 371
350/21
7 · 39 = 273
210/63
7 · 23 = 161
140/21

3
23 · 8 = 184
160/24
32 · 8 = 256
240/16
53 · 8 = 424
400/24
35 · 8 = 280
240/40

4*
113 · 6 = 678
600/78
0 · = 133
n.l.
313 · 3 = 939
900/39
13 · 30 = 390
300/90

5
2,50 € + 0,90 € + 1,30 € = 4,70 €
1,49 € + 5 € + 0,15 € = 6,64 €
0,85 € + 2,10 € + 6,50 € = 9,45 €
1,99 € + 2,99 € + 0,50 € = 5,48 €

6
3 km 50 m + 380 m = 3 430 m
2 300 m + 4,080 km = 6 380 m
6,300 km + 790 m = 7 090 m
0,590 km + 2 700 m = 3 290 m

7

8

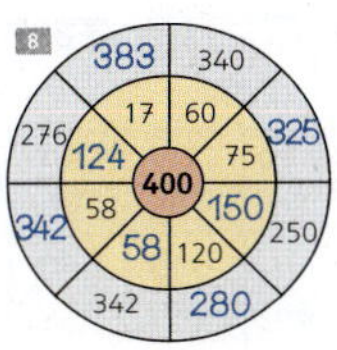

4 *Schreibe „n. l." bei nicht lösbaren Aufgaben.

1

·	5	3	10	7	9	1	6	8	11
60	300	180	600	420	540	60	360	480	660
16	80	48	160	112	144	16	96	128	176
66	330	198	660	462	594	66	396	528	726

2
65 · 4 = 260
240/20
63 · 4 = 252
240/12
62 · 9 = 558
540/18
65 · 6 = 390
360/30

3
26 · 9 = 234
180/54
36 · 8 = 288
240/48
46 · 7 = 322
280/42
56 · 6 = 336
300/36

4
4 · 116 = 464
400/64
3 · 206 = 618
600/18
5 · 360 = 1 800
1500/300
2 · 216 = 432
400/32

5
85 + 19 = 104
85 + 119 = 204
285 + 119 = 404
685 + 119 = 804

6
66 + 18 = 84
166 + 18 = 184
366 + 118 = 484
766 + 218 = 984

7
86 + 17 = 103
86 + 117 = 203
486 + 217 = 703
586 + 317 = 903

8
52 – 15 = 37
152 – 115 = 37
552 – 215 = 337
852 – 515 = 337

9
34 – 16 = 18
234 – 16 = 218
434 – 116 = 318
934 – 616 = 318

10
110 – 19 = 91
310 – 19 = 291
610 – 119 = 491
710 – 419 = 291

11

Zahl b	60	600	180	420	120	360	300
$\frac{1}{6}$ b	10 ✓	100	30	70	20	60	50
$\frac{5}{6}$ b	50	500	150	350	100	300	250
$\frac{1}{60}$ b	1	10	3	7	2	6	5

1

·	5	10	3	6	9	7	4	20	100
8	40	80	24	48	72	56	32	160	800
80	400	800	240	480	720	560	320	1600	8000
40	200	400	120	240	360	280	160	800	4000
14	70	140	42	84	126	98	56	280	1 400

Bei **2** und **3** muss der Rest auch dividiert werden. Schreibe den Rest als ungekürzten Bruch. Beispiel: 59 : 8 = 7 Rest 3   3 : 8 = $\frac{3}{8}$

2

59 : 8 = $7\frac{3}{8}$ **K:** 7 · 8 + 3 = 59
25 : 8 = $3\frac{1}{8}$ K: 3 · 8 + 1 = 25
45 : 8 = $5\frac{5}{8}$ K: 5 · 8 + 5 = 45
64 : 8 = 8 K: 8 · 8 = 64
34 : 8 = $4\frac{2}{8}$ K: 4 · 8 + 2 = 34
76 : 8 = $9\frac{4}{8}$ K: 9 · 8 + 4 = 76
23 : 8 = $2\frac{7}{8}$ K: 2 · 8 + 7 = 23
88 : 8 = 11 K: 11 · 8 = 88
62 : 8 = $7\frac{6}{8}$ K: 7 · 8 + 6 = 62

3

23 : 4 = $5\frac{3}{4}$ **K:** 5 · 4 + 3 = 23
17 : 4 = $4\frac{1}{4}$ K: 4 · 4 + 1 = 17
26 : 4 = $6\frac{2}{4}$ K: 6 · 4 + 2 = 26
15 : 4 = $3\frac{3}{4}$ K: 3 · 4 + 3 = 15
36 : 4 = 9 K: 9 · 4 = 36
18 : 4 = $4\frac{2}{4}$ K: 4 · 4 + 2 = 18
35 : 4 = $8\frac{3}{4}$ K: 8 · 4 + 3 = 35
22 : 4 = $5\frac{2}{4}$ K: 5 · 4 + 2 = 22
3 : 4 = $0\frac{3}{4}$ K: 0 · 4 + 3 = 3

4

$\frac{4}{4}$ $\frac{1}{4}$ $\frac{3}{4}$ $\frac{1}{8}$ $\frac{5}{8}$ $\frac{8}{8}$ $\frac{3}{8}$

5 Schreibe den Rest als Bruch.

Zahl y	64	50	32	35	44	90
$\frac{1}{4}$y	16	$12\frac{2}{4}$/$12\frac{1}{2}$	8	$8\frac{3}{4}$	11	$22\frac{2}{4}$/$22\frac{1}{2}$
$\frac{1}{8}$y	8	$6\frac{2}{8}$/$6\frac{1}{4}$	4	$4\frac{3}{8}$	$5\frac{4}{8}$/$5\frac{1}{2}$	$11\frac{2}{8}$/$11\frac{1}{4}$
$\frac{1}{10}$y	$6\frac{4}{10}$/$6\frac{2}{5}$	5	$3\frac{2}{10}$/$3\frac{1}{5}$	$3\frac{5}{10}$/$3\frac{1}{2}$	$4\frac{4}{10}$/$4\frac{2}{5}$	$16\frac{5}{10}$/$16\frac{1}{2}$

Rechentrick bei (+) plus*

Beispiel 1:
schwer: 196 + 278 =
leicht: 200 + 274 = 474
Erste Zahl (+ 4)
Zweite Zahl (− 4)

Beispiel 2:
schwer: 574 + 398 =
leicht: 572 + 400 = 972
Zweite Zahl (+ 2)
Erste Zahl (− 2)

1

296 + 165 = 461 ✓
300/161/461
599 + 276 = 875
600/275/875
397 + 483 = 880
400/480/880
198 + 674 = 872
200/672/872

2

503 + 288 = 791
500/291/791
204 + 163 = 367
200/167/367
402 + 388 = 790
400/390/790
601 + 394 = 995
600/395/995

3

398 + 135 = 533
400/133/533
301 + 278 = 579
300/279/579
199 + 444 = 643
200/443/643
705 + 197 = 902
702/200/902

4

4^4 = 4 · 4 · 4 · 4 = 256
4^3 = 4 · 4 · 4 = 64
5^2 = 5 · 5 = 25
2^4 = 2 · 2 · 2 · 2 = 16

5

8^2 = 8 · 8 = 64
10^4 = 10 · 10 · 10 · 10 = 10 000
3^3 = 3 · 3 · 3 = 27
6^2 = 6 · 6 = 36

6

7

8

* An einfachen Zahlen überprüfen: 9 + 4 = 10 + 3 oder: 18 + 9 = 17 + 10

1

·	90	19	39
2	180	38	78
4	360	76	156
8	720	152	312
5	450	95	195
10	900	190	390
3	270	57	117
6	540	114	234
9	810	171	351
11	990	209	429
0	0	0	0
7	630	133	273
20	1800	380	780

2

:	9	Kontrolle: (Umkehraufgabe)
36	4 ✓	4 · 9 = 36
41	$4\frac{5}{9}$ ✓	4 · 9 + 5 = 41
70	$7\frac{7}{9}$	7 · 9 + 7 = 70
91	$10\frac{1}{9}$	10 · 9 + 1 = 91
80	$8\frac{8}{9}$	8 · 9 + 8 = 80
63	7	7 · 9 = 63
67	$7\frac{4}{9}$	7 · 9 + 4 = 67
56	$6\frac{2}{9}$	6 · 9 + 2 = 56
34	$3\frac{7}{9}$	3 · 9 + 7 = 34
81	9	9 · 9 = 81
83	$9\frac{2}{9}$	9 · 9 + 2 = 83
100	$11\frac{1}{9}$	11 · 9 + 1 = 100

3

1 kg 70 g + 350 g = 1 420 g
680 g + 2,300 kg = 2980 g
3,5 kg + 1 600 g = 5100 g
190 g + 5 kg 350 g = 5540 g

4

3 h 10 min + 1 h 50 min = 5h
45 min + 2 h 10 min = 2h55min
130 min + 1 h 20 min = 3h30min
$1\frac{1}{2}$ h + 4 h 35 min = 6h5min

5

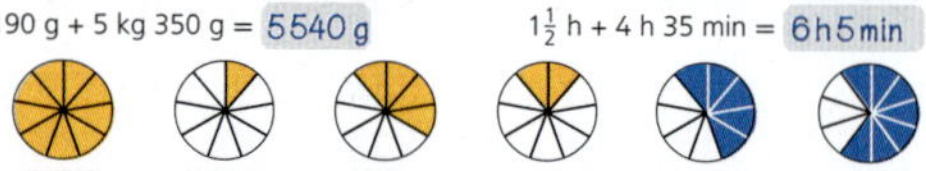

$\frac{9}{9}$ $\frac{1}{9}$ $\frac{4}{9}$ $\frac{2}{9}$ $\frac{5}{9}$ $\frac{7}{10}$

6

Zahl z	36	72	45	90	180	540	144
$\frac{1}{9}$z	4 ✓	8	5	10	20	60	16
$\frac{3}{9}$z	12 ✓	24	15	30	60	180	48
$\frac{6}{9}$z	24	48	30	60	120	360	96
$\frac{7}{9}$z	28	56	35	70	140	420	112

Rechentrick bei (+) (siehe Seite 7)

1

1,75 € + 3,99 € = 5,74 € ✓
1,74/4,00/5,74
3,87 € + 1,99 € = 5,86€
3,86/2,00/5,86
2,99 € + 1,99 € = 4,98€
3,00/1,98/4,98
8,23 € + 2,99 € = 11,22€
8,22/3,00/11,22
5,55 € + 4,99 € = 10,54€
5,54/5,00/10,54
4,38 € + 6,99 € = 11,37€
4,37/7,00/11,37

2

5,98 € + 2,26 € = 8,24€
6,00/2,24/8,24
3,97 € + 6,44 € = 10,41€
4,00/6,41/10,41
2,66 € + 4,96 € = 7,62€
2,62/5,00/7,62
5,99 € + 1,83 € = 7,82€
6,00/1,82/7,82
3,45 € + 7,97 € = 11,42€
3,42/8,00/11,42
6,98 € + 9,55 € = 16,53€
7,00/9,53/16,53

3

4^2 = 4 · 4 = 16
5^3 = 5 · 5 · 5 = 125
10^3 = 10 · 10 · 10 = 1000

4

9^2 = 9 · 9 = 81
3^4 = 3 · 3 · 3 · 3 = 81
2^5 = 2 · 2 · 2 · 2 · 2 = 32

5*

5 · 18 + 5 = 95
n.l. · 18 + 3 = 58
6 · 18 + 9 = 117

6

10 · 16 + 1 = 161
5 · 16 + 7 = 87
8 · 16 + 2 = 130

7*

3 · 90 + 8 = 278
0 · n.l. + 7 = 156
7 · 40 + 9 = 289

8

$\frac{1}{10}$ $\frac{5}{10}$ $\frac{7}{10}$ $\frac{9}{10}$

9

Zahl a	1 230	360	590	160	1100	3500	670
$\frac{1}{10}$a	123	36	59	16	110	350	67
$\frac{5}{10}$a	615	180	295	80	550	1750	335
$\frac{7}{10}$a	861	252	413	112	770	2450	469

5 7 * Schreibe „n. l." bei nicht lösbaren Aufgaben.

1

·	5	3	6	12	7	9	8	0	20
7	35	21	42	84	49	63	56	0	140
70	350	210	420	840	490	630	560	0	1400
17	85	51	102	204	119	153	136	0	340

Schreibe den Rest als Bruch. Beispiel: 60 : 17 = 3 R 9   9 : 17 = $\frac{9}{17}$

2

60 : 17 = $3\frac{9}{17}$ ✓
K: 3 · 17 + 9 = 60
50 : 17 = $2\frac{16}{17}$
K: 2 · 17 + 16 = 50
45 : 17 = $2\frac{11}{17}$
K: 2 · 17 + 11 = 45
99 : 17 = $5\frac{14}{17}$
K: 5 · 17 + 14 = 99

3

110 : 17 = $6\frac{8}{17}$
K: 6 · 17 + 8 = 110
130 : 17 = $7\frac{11}{17}$
K: 7 · 17 + 11 = 130
140 : 17 = $8\frac{4}{17}$
K: 8 · 17 + 4 = 140
160 : 17 = $9\frac{7}{17}$
K: 9 · 17 + 7 = 160

4

70 · 4 + 20 = 300
70 · 5 + 12 = 362
70 · 4 + 15 = 295
70 · 10 + 8 = 708
70 · 6 + 50 = 470
70 · 9 + 5 = 635
70 · 6 + 25 = 445
70 · 8 + 40 = 600

5

1 000 – 299 = 701
1 000 – 565 = 435
1 000 – 728 = 272
1 000 – 347 = 653

6

320 – 150 = 170
410 – 150 = 260
907 – 150 = 757
613 – 150 = 463

7

815 – 120 = 695
815 – 230 = 585
815 – 340 = 475
815 – 450 = 365

8 Schreibe den Rest als ungekürzten Bruch.
Beispiel: 65 : 6 = 10 R 5   5 : 6 = $\frac{5}{6}$

Zahl x	65	120	240	91	102	210	186
$\frac{1}{6}$x	$10\frac{5}{6}$	20	40	$15\frac{1}{6}$	17	35	31
$\frac{1}{7}$x	$9\frac{2}{7}$	$17\frac{1}{7}$	$34\frac{2}{7}$	13	$14\frac{4}{7}$	30	$26\frac{4}{7}$
$\frac{1}{8}$x	$8\frac{1}{8}$	15	30	$11\frac{3}{8}$	$12\frac{6}{8}$	$26\frac{2}{8}$	$23\frac{2}{8}$
$\frac{1}{10}$x	$6\frac{5}{10}$	12	24	$9\frac{1}{10}$	$10\frac{2}{10}$	21	$18\frac{6}{10}$

1 3 · 25 = 75
60/15
5 · 25 = 125
100/25
8 · 25 = 200
160/40

2 4 · 25 = 100
80/20
6 · 25 = 150
120/30
10 · 25 = 250
200/50

3 9 · 25 = 225
180/45
7 · 25 = 175
140/35
12 · 25 = 300
250/50

4 Merke:

4 · 25 = 100   3 · 25 = 75   10 · 25 = 250
8 · 25 = 200   6 · 25 = 150   20 · 25 = 500
16 · 25 = 400   12 · 25 = 300   40 · 25 = 1000

Rechentrick bei + (siehe Seite 7)

5 399 + 238 = 637
400/237/637
257 + 698 = 955
255/700/955

6 12,99 € + 4,50 € = 17,49 €
13,00/4,49/17,49
16,20 € + 3,98 € = 20,18 €
16,18/4,00/20,18

Rechne so weit du kannst. Fertig, los!

7

$3^2 + 1$ = 10
$3^3 + 3$ = 30
$3^4 + 9$ = 90
$3^5 + 7$ = 250
$3^6 + 1$ = 730
$3^7 + 3$ = 2190
$3^8 + 9$ = 6570

8

10 · 25 + 10 = 260
12 · 25 + 20 = 320
14 · 25 + 30 = 380
16 · 25 + 40 = 440
18 · 25 + 50 = 500
20 · 25 + 60 = 560
22 · 25 + 70 = 620

9

4000 : 2 = 2000
3800 : 2 = 1900
3600 : 2 = 1800
3400 : 2 = 1700
3200 : 2 = 1600
3000 : 2 = 1500
2800 : 2 = 1400

A	B	C	E	F	I	L	M	N	O	P	R	S	U	W	Z	.
0	1	4	5	6	7	8	9	81	125	150	228	235	375	468	482	1 000

108 : 12 = 9 M
0 : 73 = 0 A
6 · 38 = 228 R
490 : 70 = 7 I
80 : 16 = 5 E
100 : 25 = 4 C
276 + 99 = 375 U
430 – 202 = 228 R
660 – 653 = 7 I
125 : 25 = 5 E

102 : 17 = 6 F
10^3 – 772 = 228 R
486 – 486 = 0 A
500 – 125 = 375 U
299 + 183 = 482 Z
1 000 – 532 = 468 W
90 : 18 = 5 E
560 : 80 = 7 I
9^2 = 81 N
5^3 = 125 O

179 – 178 = 1 B
95 : 19 = 5 E
720 : 90 = 8 L
6 · 25 = 150 P
76 · 3 = 228 R
368 – 363 = 5 E
175 : 25 = 7 I
47 · 5 = 235 S
5^4 – 620 = 5 E
10^3 – 0 = 1000 .

MARIE CURIE ist die einzige FRAU, die ZWEI NOBELPREISE (1903 für Physik und 1911 für Chemie) erhielt .

1

Zahl b	42	84	105	140	91	119	175	133
$\frac{1}{7}$b	6 ✓	12	15	20	13	17	25	19
$\frac{2}{7}$b	12 ✓	24	30	40	26	34	50	38
$\frac{3}{7}$b	18	36	45	60	39	51	75	57
$\frac{5}{7}$b	30	60	75	100	65	85	125	95
$\frac{6}{7}$b	36	72	90	120	78	102	150	114

2

10 · 25 = 250
20 · 25 = 500
40 · 25 = 1000
30 · 25 = 750

3

4 · 25 = 100
8 · 25 = 200
16 · 25 = 400
32 · 25 = 800

4

3 · 25 = 75
6 · 25 = 150
12 · 25 = 300
24 · 25 = 600

5

3,99 + 2,50 = 6,49
1,99 + 7,60 = 9,59
2,98 + 4,35 = 7,33

6

3,15 + 2,99 = 6,14
2,60 + 5,98 = 8,58
5,30 + 2,98 = 8,28

7

1,97 + 2,30 = 4,27
4,88 + 2,98 = 7,86
6,95 + 2,66 = 9,61

8*

9 · 1 = 9
7 · 0 = 0
8 · n.l. = 1

9

54 : 18 = 3
126 : 14 = 9
102 : 17 = 6

10*

4 · 19 = 76
n.l. · 0 = 39
5 · 16 = 80

11

15 · 6 + 3 = 93
25 · 5 + 8 = 133
13 · 7 + 9 = 100

12 Schreibe den Rest als ungekürzten Bruch.
Beispiel: 75 : 10 = 7 R 5   5 : 10 = $\frac{5}{10}$

Zahl c	75	120	150	200	60	92	160
$\frac{1}{10}$c	$7\frac{5}{10}$	12	15	20	6	$9\frac{2}{10}$	16
$\frac{1}{4}$c	$18\frac{3}{4}$	30	$37\frac{2}{4}$	50	15	23	40
$\frac{1}{25}$c	3	$4\frac{20}{25}$	6	8	$2\frac{10}{25}$	$3\frac{17}{25}$	$6\frac{10}{25}$
$\frac{1}{2}$c	$37\frac{1}{2}$	60	75	100	30	46	80

8* 10* Schreibe „n. l." bei nicht lösbaren Aufgaben.

Das Übungsheft 6 – Lösungen (Seite 14–17)

Mathe-fit-Test 1

1

Zahl y	80	120	150	90	250	140	540
$\frac{1}{10}$ y	8	12	15	9	25	14	54
$\frac{5}{10}$ y	40	60	75	45	125	70	270
$\frac{7}{10}$ y	56	84	105	63	175	98	378
$\frac{9}{10}$ y	72	108	135	81	225	126	486

2
$3^3 = 3 \cdot 3 \cdot 3 = 27$
$2^6 = 2 \cdot 2 \cdot 2 \cdot 2 \cdot 2 \cdot 2 = 64$
$7^2 = 7 \cdot 7 = 49$
$3^4 = 3 \cdot 3 \cdot 3 \cdot 3 = 81$

3
$8^1 = 8 = 8$
$2^5 = 2 \cdot 2 \cdot 2 \cdot 2 \cdot 2 = 32$
$4^3 = 4 \cdot 4 \cdot 4 = 64$
$5^4 = 5 \cdot 5 \cdot 5 \cdot 5 = 625$

4
498 + 365 = 863
500 / 363 / 863

487 + 295 = 782
482 / 300 / 782

5
14,99 € + 3,25 € = 18,24 €
15,00 / 3,24 / 18,24

6,10 € + 9,98 € = 16,08 €
6,08 / 10,00 / 16,08

6
1 000 – 350 = 650
1 000 – 465 = 535
1 000 – 628 = 372

7
540 – 68 = 472
620 – 75 = 545
704 – 92 = 612

8
733 – 300 = 433
733 – 440 = 293
733 – 568 = 165

9
64 : 16 = 4
96 : 12 = 8
75 : 25 = 3

10
5 · 17 + 3 = 88
9 · 14 + 4 = 130
3 · 19 + 8 = 65

11*
7 · n. l. + 12 = 97
8 · n. l. + 1 = 0
3 · 0 + 17 = 17

12

Zahl e	65	40	70	28	39	90
$\frac{1}{3}$ e	$21\frac{2}{3}$	$13\frac{1}{3}$	$23\frac{1}{3}$	$9\frac{1}{3}$	13	30
$\frac{1}{5}$ e	13	8	14	$5\frac{3}{5}$	$7\frac{4}{5}$	18
$\frac{1}{8}$ e	$8\frac{1}{8}$	5	$8\frac{6}{8}$	$3\frac{4}{8}$	$4\frac{7}{8}$	$11\frac{2}{8}$

11 * Schreibe „n. l." bei nicht lösbaren Aufgaben.

Du hast ☐ Aufgaben richtig gelöst.

Rechentrick bei (−) minus *

Beispiel 1:
schwer: 347 – 196 =
leicht: 351 – 200 = 151

Beispiel 2:
schwer: 802 – 588 =
leicht: 800 – 586 = 214

Achtung: Bei *minus* beide Zahlen gleichmäßig verändern!

Zweite Zahl (+4)
Erste Zahl (+4)

Erste Zahl (−2)
Zweite Zahl (−2)

1
548 – 397 = 151
551 – 400 = 151

362 – 199 = 163
363 – 200 = 163

738 – 498 = 240
740 – 500 = 240

475 – 397 = 78
478 – 400 = 78

2
799 – 556 = 243
800 – 557 = 243

602 – 357 = 245
600 – 355 = 245

898 – 174 = 724
900 – 176 = 724

301 – 286 = 15
300 – 285 = 15

3
925 – 795 = 130
930 – 800 = 130

299 – 164 = 135
300 – 165 = 135

602 – 427 = 175
600 – 425 = 175

550 – 399 = 151
551 – 400 = 151

4

$\frac{1}{3}$ $\frac{1}{6}$ $\frac{2}{3}$ $\frac{3}{6}$ $\frac{5}{6}$ $\frac{4}{6}$

5

Zahl a	120	90	42	180	54	360	2 400	6 000
$\frac{1}{3}$ a	40	30	14	60	18	120	800	2000
$\frac{2}{3}$ a	80	60	28	120	36	240	1600	4000
$\frac{1}{6}$ a	20	15	7	30	9	60	400	1000
$\frac{3}{6}$ a	60	45	21	90	27	180	1200	3000
$\frac{5}{6}$ a	100	75	35	150	45	300	2000	5000

* An einfachen Zahlen überprüfen: 13 – 7 = 10 – 4 oder: 29 – 7 = 30 – 8

1

·	3	13
3	9	39
7	21	91
9	27	117
0	0	0
8	24	104

2

·	3	30
5	15	150
20	60	600
6	18	180
4	12	120
12	36	360

3

·	6	16
4	24	64
8	48	128
3	18	48
6	36	96
11	66	176

4

·	6	60
5	30	300
20	120	1200
9	54	540
15	90	900
7	42	420

Erweitere mit 3:

5
$\frac{3}{7} = \frac{9}{21}$
$\frac{2}{15} = \frac{6}{45}$
$\frac{5}{7} = \frac{15}{21}$
$\frac{4}{14} = \frac{12}{42}$

6
$\frac{6}{11} = \frac{18}{33}$
$\frac{8}{9} = \frac{24}{27}$
$\frac{3}{12} = \frac{9}{36}$
$\frac{13}{16} = \frac{39}{48}$

Erweitere mit 6:

7
$\frac{3}{7} = \frac{18}{42}$
$\frac{6}{15} = \frac{36}{90}$
$\frac{5}{12} = \frac{30}{72}$
$\frac{3}{8} = \frac{18}{48}$

8
$\frac{2}{25} = \frac{12}{150}$
$\frac{4}{7} = \frac{24}{42}$
$\frac{9}{13} = \frac{54}{78}$
$\frac{17}{20} = \frac{102}{120}$

Rechentrick bei (−) Denke daran: Du musst beide Zahlen … (siehe Seite 15)

9
16,50 € – 2,99 € = 13,51 €
16,51 € – 3,00 € = 13,51 €

6,23 € – 1,99 € = 4,24 €
6,24 € – 2,00 € = 4,24 €

34,90 € – 6,98 € = 27,92 €
34,92 € – 7,00 € = 27,92 €

8,78 € – 3,99 € = 4,79 €
8,79 € – 4,00 € = 4,79 €

52,60 € – 9,99 € = 42,61 €
52,61 € – 10,00 € = 42,61 €

27,35 € – 5,98 € = 21,37 €
27,37 € – 6,00 € = 21,37 €

10
7,50 m – 399 cm = 3,51 m
7,51 m – 4,00 m = 3,51 m

3,15 m – 99 cm = 2,16 m
3,16 m – 1 m = 2,16 m

10,83 m – 2,98 m = 7,85 m
10,85 m – 3,00 m = 7,85 m

6,05 m – 197 cm = 4,08 m
6,08 m – 2,00 m = 4,08 m

13,66 m – 6,99 m = 6,67 m
13,67 m – 7,00 m = 6,67 m

750 cm – 4,98 m = 2,52 m
7,52 m – 5,00 m = 2,52 m

1

·	3	5	10	4	0	1	7	20
65	195	325	650	260	0	65	455	1300
116	348	580	1 160	464	0	116	812	2320
36	108	180	360	144	0	36	252	720
56	168	280	560	224	0	56	392	1 120

2
102 : 6 = 17
60 / 42

117 : 9 = 13
90 / 27

133 : 7 = 19
70 / 63

3
96 : 12 = 8
120 : 12 = 10
135 : 15 = 9
120 : 15 = 8
150 : 25 = 6
175 : 25 = 7

4
8 · 14 = 112
7 · 16 = 112
6 · 12 = 72
7 · 15 = 105
9 · 12 = 108
8 · 25 = 200

Erweitern. Ergänze die fehlenden Zahlen (Zähler oder Nenner).

5
$\frac{5}{9} = \frac{25}{45}$
$\frac{7}{16} = \frac{28}{64}$
$\frac{3}{25} = \frac{15}{125}$

6
$\frac{7}{15} = \frac{63}{135}$
$\frac{9}{12} = \frac{72}{96}$
$\frac{17}{60} = \frac{102}{360}$

7
$\frac{13}{25} = \frac{78}{150}$
$\frac{12}{15} = \frac{84}{105}$
$\frac{10}{12} = \frac{90}{108}$

8
$\frac{9}{16} = \frac{54}{96}$
$\frac{11}{13} = \frac{77}{91}$
$\frac{14}{15} = \frac{70}{75}$

Rechentrick bei (−) (siehe Seite 15)

9
7,98 € – 3,46 € = 4,52 €
8 € – 3,48 € = 4,52 €

16,99 € – 5,53 € = 11,46 €
17,00 € – 5,54 € = 11,46 €

9,74 € – 5,98 € = 3,76 €
9,76 € – 6,00 € = 3,76 €

10
25,85 € – 3,99 € = 21,86 €
25,86 € – 4,00 € = 21,86 €

9,99 € – 7,06 € = 2,93 €
10,00 € – 7,07 € = 2,93 €

30,70 € – 20,98 € = 9,72 €
30,72 € – 21,00 € = 9,72 €

1

+	18	24	70	47
55	73	79	125	102
76	94	100	146	123
48	66	72	118	95
97	115	121	167	144

2*

−	25	40	62	78
100	75	60	38	22
83	58	43	21	5
74	49	34	12	n.l.
96	71	56	34	18

Kürze so weit wie möglich.

3 $\frac{12}{16} = \frac{3}{4}$ $\frac{16}{24} = \frac{2}{3}$ $\frac{3}{9} = \frac{1}{3}$ $\frac{14}{21} = \frac{2}{3}$

4 $\frac{10}{15} = \frac{2}{3}$ $\frac{4}{18} = \frac{2}{9}$ $\frac{20}{26} = \frac{10}{13}$ $\frac{9}{12} = \frac{3}{4}$

5 $\frac{16}{32} = \frac{1}{2}$ $\frac{16}{28} = \frac{4}{7}$ $\frac{24}{40} = \frac{3}{5}$ $\frac{7}{13} = \frac{7}{13}$

6 $\frac{48}{72} = \frac{2}{3}$ $\frac{6}{12} = \frac{1}{2}$ $\frac{5}{20} = \frac{1}{4}$ $\frac{10}{100} = \frac{1}{10}$

Rechentrick bei (:) geteilt durch

Beispiel:
schwer: 36 0ØØ : 4ØØ =
leicht: 360 : 4 = 90

Kürze durch 10, 100 oder ...

7
36 0ØØ : 3ØØ = 120
36 00Ø : 3Ø = 1200
36 ØØØ : 3 ØØØ = 12
2 7ØØ : 9ØØ = 3
2 70Ø : 9Ø = 30
2 700 : 9 = 300
32 ØØØ : 8 ØØØ = 4
32 00Ø : 8Ø = 400
32 0ØØ : 8ØØ = 40

8
56Ø : 8Ø = 7
56Ø : 7Ø = 8
56Ø : 2Ø = 28
48 0ØØ : 8ØØ = 60
48 00Ø : 8Ø = 600
48 ØØØ : 8 ØØØ = 6
2 400 : 4 = 600
2 4ØØ : 4ØØ = 6
2 40Ø : 4Ø = 60

9
2 40Ø : 8Ø = 30
12 0ØØ : 4ØØ = 30
48Ø : 4Ø = 12
57 ØØØ : 7 ØØØ = 8
2 1ØØ : 3ØØ = 7
45 ØØØ : 9 ØØØ = 5
21 0ØØ : 7ØØ = 30
1 80Ø : 6Ø = 30
40 ØØØ : 8 ØØØ = 5

2 *Schreibe „n. l." bei nicht lösbaren Aufgaben.

1

·	12	25
3	36	75
8	96	200
5	60	125
7	84	175
4	48	100
9	108	225
20	240	500

2
50 : 16 = $3\frac{2}{16}$ K: 3 · 16 + 2 = 50
50 : 17 = $2\frac{16}{17}$ K: 2 · 17 + 16 = 50
50 : 18 = $2\frac{14}{18} = 2\frac{7}{9}$ K: 2 · 18 + 14 = 50
50 : 19 = $2\frac{12}{19}$ K: 2 · 19 + 12 = 50
101 : 14 = $7\frac{3}{14}$ K: 7 · 14 + 3 = 101
169 : 18 = $9\frac{7}{18}$ K: 9 · 18 + 7 = 169
126 : 15 = $8\frac{6}{15}$ K: 8 · 15 + 6 = 126
85 : 13 = $6\frac{7}{13}$ K: 6 · 13 + 7 = 85

Bei einigen Aufgaben kannst du einen Rechentrick anwenden. Kreuze diese Aufgaben zuerst an.

3
667 − 280 = 387
467/387
✗ 573 − 199 = 374
574 − 200
482 − 350 = 132
182/132
✗ 899 − 675 = 224
900 − 676

4
✗ 713 − 398 = 315
715 − 400
345 − 135 = 210
245/210
✗ 661 − 299 = 362
662 − 300
✗ 533 − 218 = 315
535 − 220 335/315

5
957 − 723 = 234
257/234
✗ 498 − 178 = 320
500 − 180
820 − 245 = 575
620/575
✗ 764 − 598 = 166
766 − 600

6 $8^2 = 64$ $10^2 = 100$ $12^2 = 144$ $14^2 = 196$
$9^2 = 81$ $11^2 = 121$ $13^2 = 169$ $15^2 = 225$

7 Schreibe den Rest als ungekürzten Bruch.

Zahl x	60	75	90	84	100	40	107
$\frac{1}{25}$x	$2\frac{10}{25}$	3	$3\frac{15}{25}$	$3\frac{9}{25}$	4	$1\frac{15}{25}$	$4\frac{7}{25}$
$\frac{1}{7}$x	$8\frac{4}{7}$	$10\frac{5}{7}$	$12\frac{6}{7}$	12	$14\frac{2}{7}$	$5\frac{5}{7}$	$15\frac{2}{7}$
$\frac{1}{12}$x	5	$6\frac{3}{12}$	$7\frac{6}{12}$	7	$8\frac{4}{12}$	$3\frac{4}{12}$	$8\frac{11}{12}$

1

−	30	25	52	69
94	64	69	42	25
72	42	47	20	3
116	86	91	64	47
85	55	60	33	16

2

+	19	87	38	26
27	46	114	65	53
43	62	130	81	69
111	130	198	149	137
98	117	185	136	124

Erweitern. Ergänze die fehlenden Zahlen (Zähler oder Nenner).

3 $\frac{3}{25} = \frac{9}{75}$ $\frac{6}{25} = \frac{12}{50}$ $\frac{14}{25} = \frac{56}{100}$ $\frac{7}{25} = \frac{49}{175}$

4 $\frac{5}{7} = \frac{60}{84}$ $\frac{3}{7} = \frac{45}{105}$ $\frac{2}{9} = \frac{16}{72}$ $\frac{3}{8} = \frac{39}{104}$

5 $\frac{9}{25} = \frac{36}{100}$ $\frac{9}{12} = \frac{45}{60}$ $\frac{9}{15} = \frac{72}{120}$ $\frac{9}{14} = \frac{63}{98}$

6 $\frac{12}{25} = \frac{108}{225}$ $\frac{13}{18} = \frac{52}{72}$ $\frac{15}{16} = \frac{90}{96}$ $\frac{7}{14} = \frac{63}{126}$

Rechentrick bei (+) (siehe Seite 7)

7
327 + 79 = 406
326/80/406
452 + 68 = 520
450/70
399 + 83 = 482
400/82
598 + 56 = 654
600/54

8
1 450 + 199 = 1 649
1 449/200
3 607 + 398 = 4 005
3 605/400
5 300 + 599 = 5 899
5 299/600
2 156 + 299 = 2 455
2 155/300

9
99 + 257 = 356
100/256
717 + 198 = 915
715/200
698 + 73 = 771
700/71
98 + 467 = 565
100/465

10

Zahl y	45	90	150	105	120	75	15
$\frac{1}{15}$y	3	6	10	7	8	5	1
$\frac{12}{15}$y	36	72	120	84	96	60	12
$\frac{14}{15}$y	42	84	140	98	112	70	14

Kürze so weit wie möglich.

1 $\frac{12}{48} = \frac{3}{12} = \frac{1}{4}$ $\frac{12}{21} = \frac{4}{7}$ $\frac{12}{15} = \frac{4}{5}$ $\frac{16}{68} = \frac{4}{17}$

2 $\frac{14}{56} = \frac{7}{28} = \frac{1}{4}$ $\frac{16}{24} = \frac{4}{6} = \frac{2}{3}$ $\frac{15}{75} = \frac{3}{15} = \frac{1}{5}$ $\frac{6}{15} = \frac{2}{5}$

3 $\frac{8}{18} = \frac{4}{9}$ $\frac{9}{48} = \frac{3}{16}$ $\frac{10}{25} = \frac{2}{5}$ $\frac{36}{60} = \frac{6}{10} = \frac{3}{5}$

Rechentrick bei (+) (siehe Seite 7) und bei (−) (siehe Seite 15)

4
375 + 499 = 874
374/500
536 + 198 = 734
534/200
699 + 243 = 942
700/242
627 + 397 = 1024
624/400

5
343 − 199 = 144
344 − 200
699 − 372 = 327
700/373
546 − 298 = 248
548/300
958 − 799 = 159
959/800

6
6,55 € + 0,99 € = 7,54 €
6,54/1,00
5,18 € − 2,99 € = 2,19 €
5,19/3,00
7,60 € + 3,98 € = 11,58 €
7,58/4,00
7,60 € − 3,98 € = 3,62 €
7,62/4,00

Rechne so weit du kannst. Fertig, los!

7
2 · 25 + 2² = 54
4 · 25 + 3² = 109
8 · 25 + 4² = 216
16 · 25 + 5² = 425
32 · 25 + 6² = 836
64 · 25 + 7² = 1649
128 · 25 + 8² = 3 264
256 · 25 + 9² = 6 481

8
$\frac{1}{2}$ von 10 000 = 5000
$\frac{1}{2}$ von 12 000 = 6000
$\frac{1}{2}$ von 14 000 = 7000
$\frac{1}{2}$ von 16 000 = 8000
$\frac{1}{2}$ von 18 000 = 9 000
$\frac{1}{2}$ von 20 000 = 10 000
$\frac{1}{2}$ von 22 000 = 11 000
$\frac{1}{2}$ von 24 000 = 12 000

9
250 − 199 = 51
355 − 299 = 56
460 − 399 = 61
565 − 499 = 66
670 − 599 = 71
775 − 699 = 76
880 − 799 = 81
985 − 899 = 86

A	D	E	G	I	L	M	N	R	S	T	U
0	4	12	40	42	75	169	196	225	400	765	800

126 : 3 = 42 I	167 + 598 = 765 T	84 : 7 = 12 E
14^2 = 196 N	10^3 − 235 = 765 T	$\frac{1}{2}$ von 392 = 196 N
$\frac{6}{7}$ von 49 = 42 I	72 : 6 = 12 E	$\frac{5}{9}$ von 72 = 40 G
694 − 498 = 196 N	15^2 = 225 R	9^2 − 69 = 12 E
$\frac{2}{7}$ von 14 = 4 D	399 + 366 = 765 T	3 · 25 = 75 L
210 : 5 = 42 I	$\frac{1}{8}$ von 96 = 12 E	86 · 0 = 0 A
411 − 399 = 12 E	9 · 25 = 225 R	11^2 + 104 = 225 R
49 · 4 = 196 N	711 − 699 = 12 E	568 − 399 = 169 M
13^2 = 169 M	16 · 25 = 400 S	$\frac{3}{10}$ von 40 = 12 E
32 · 25 = 800 U	0 : 350 = 0 A	795 − 599 = 196 N

IN INDIEN wurde MUTTER TERESA, die 1979 den Friedensnobelpreis erhielt, ENGEL der ARMEN genannt.

Kürze zuerst durch 100, 1 000 oder 10.

1
- 27 000 : 900 = 30
- 5 000 : 200 = 25
- 24 000 : 80 = 300
- 2 700 : 300 = 9
- 2 400 : 800 = 3

2
- 8 100 : 900 = 9
- 72 000 : 8 000 = 9
- 6 000 : 300 = 20
- 24 000 : 6 000 = 4
- 5 400 : 900 = 6

3
- 63 000 : 7 000 = 9
- 10 000 : 500 = 20
- 3 000 : 60 = 50
- 32 000 : 4 000 = 8
- 1 800 : 300 = 6

Auswendig!

4 $11^2 = 121$, $8^2 = 64$
5 $9^2 = 81$, $13^2 = 169$
6 $10^2 = 100$, $15^2 = 225$
7 $12^2 = 144$, $14^2 = 196$

Ergänze die fehlenden Zahlen.

8 $\frac{3}{7} = \frac{27}{63}$; $\frac{6}{25} = \frac{48}{200}$
9 $\frac{9}{12} = \frac{63}{84}$; $\frac{5}{8} = \frac{60}{96}$
10 $\frac{16}{25} = \frac{48}{75}$; $\frac{14}{15} = \frac{126}{135}$
11 $\frac{5}{6} = \frac{75}{90}$; $\frac{13}{17} = \frac{78}{102}$

Auswendig!

12

·	3	6	9	4	8	16	7	5	12	32
25	75	150	225	100	200	400	175	125	300	800
12	36	72	108	48	96	192	84	60	144	384

Kürze so weit wie möglich.

13 $\frac{9}{15} = \frac{3}{5}$; $\frac{21}{56} = \frac{3}{8}$; $\frac{14}{42} = \frac{1}{3}$
14 $\frac{15}{60} = \frac{1}{4}$; $\frac{18}{21} = \frac{6}{7}$; $\frac{40}{200} = \frac{1}{5}$
15 $\frac{24}{56} = \frac{3}{7}$; $\frac{27}{72} = \frac{3}{8}$; $\frac{16}{96} = \frac{1}{6}$
16 $\frac{30}{35} = \frac{6}{7}$; $\frac{40}{64} = \frac{5}{8}$; $\frac{7}{49} = \frac{1}{7}$

Mathe-fit-Test 2

Achtung: + oder − !

1
- 765 − 230 = 535
- 324 − 199 = 125
- 588 − 340 = 248
- 607 − 498 = 109

2
- 524 + 399 = 923
- 270 + 450 = 720
- 753 + 220 = 973
- 481 + 298 = 779

3
- 666 − 299 = 367
- 426 + 299 = 725
- 950 − 798 = 152
- 365 + 498 = 863

4 $3^3 = 27$; $2^6 = 64$
5 $10^4 = 10000$; $15^2 = 225$
6 $13^2 = 169$; $5^3 = 125$
7 $4^3 = 64$; $12^2 = 144$

Kürze so weit wie möglich.

8 $\frac{36}{96} = \frac{3}{8}$; $\frac{30}{42} = \frac{5}{7}$
9 $\frac{27}{30} = \frac{9}{10}$; $\frac{7}{56} = \frac{1}{8}$
10 $\frac{35}{40} = \frac{7}{8}$; $\frac{21}{28} = \frac{3}{4}$
11 $\frac{12}{72} = \frac{1}{6}$; $\frac{18}{162} = \frac{1}{9}$

12
- 320 000 : 8 000 = 40
- 75 000 : 5 000 = 15
- 21 000 : 300 = 70
- 630 000 : 9 000 = 70
- 6 400 : 800 = 8

13
- 224 : 32 = 7 K: 7 · 32 = 224
- 320 : 64 = 5 K: 5 · 64 = 320
- 168 : 28 = 6 K: 6 · 28 = 168
- 292 : 73 = 4 K: 4 · 73 = 292
- 392 : 49 = 8 K: 8 · 49 = 392

Erweitere.

14 $\frac{3}{8} = \frac{21}{56}$; $\frac{4}{9} = \frac{28}{63}$
15 $\frac{2}{7} = \frac{10}{35}$; $\frac{5}{8} = \frac{75}{120}$
16 $\frac{3}{4} = \frac{30}{40}$; $\frac{6}{7} = \frac{48}{56}$
17 $\frac{9}{17} = \frac{36}{68}$; $\frac{16}{25} = \frac{128}{200}$

18

Zahl a	30	55	89	130	191	1 300
$\frac{1}{4}$a	$7\frac{2}{4}$	$13\frac{3}{4}$	$22\frac{1}{4}$	$32\frac{2}{4}$	$47\frac{3}{4}$	325

Du hast ☐ Aufgaben richtig gelöst.

$\frac{3}{4} + \frac{5}{6} = \frac{9+10}{12} = \frac{19}{12} = 1\frac{7}{12}$ ✓ K: $\frac{19}{12} - \frac{5}{6} = \frac{19-10}{12} = \frac{9}{12} = \frac{3}{4}$

Kontrolliere mit der Umkehraufgabe. ✓ heißt: Ich habe kontrolliert, es stimmt.

1 $\frac{3}{4} + \frac{5}{8} = \frac{6+5}{8} = \frac{11}{8} = 1\frac{3}{8}$ K: $\frac{11}{8} - \frac{5}{8} = \frac{11-5}{8} = \frac{6}{8} = \frac{3}{4}$

2 $\frac{5}{6} + \frac{1}{8} = \frac{20+3}{24} = \frac{23}{24}$ K: $\frac{23}{24} - \frac{1}{8} = \frac{23-3}{24} = \frac{20}{24} = \frac{5}{6}$

3 $\frac{3}{8} + \frac{1}{6} = \frac{9+4}{24} = \frac{13}{24}$ K: $\frac{13}{24} - \frac{1}{6} = \frac{13-4}{24} = \frac{9}{24} = \frac{3}{8}$

4 $\frac{1}{2} + \frac{4}{5} = \frac{5+8}{10} = \frac{13}{10} = 1\frac{3}{10}$ K: $\frac{13}{10} - \frac{4}{5} = \frac{13-8}{10} = \frac{5}{10} = \frac{1}{2}$

5 $\frac{3}{5} + \frac{3}{8} = \frac{24+15}{40} = \frac{39}{40}$ K: $\frac{39}{40} - \frac{3}{8} = \frac{39-15}{40} = \frac{24}{40} = \frac{3}{5}$

6 $\frac{1}{6} + \frac{5}{7} = \frac{7+30}{42} = \frac{37}{42}$ K: $\frac{37}{42} - \frac{5}{7} = \frac{37-30}{42} = \frac{20}{24} = \frac{5}{6}$

Auswendig!

7

·	5	4	8	16	3	6	12	7	9
25	125	100	200	400	75	150	300	175	225
13	65	52	104	208	39	78	156	91	117
15	75	60	120	240	45	90	180	105	135

Rechentrick bei + und − (siehe Seite 7 und 15).

8
- 5,60 € − 2,99 € = 2,61 €
- 3,25 € − 1,98 € = 1,27 €
- 9,99 € − 5,85 € = 4,14 €
- 7,20 € − 3,99 € = 3,21 €

9
- 3,56 € + 1,99 € = 5,55 €
- 7,99 € + 2,50 € = 10,49 €
- 8,20 € + 1,98 € = 10,18 €
- 6,43 € + 3,99 € = 10,42 €

$\frac{5}{6} - \frac{3}{4} = \frac{10-9}{12} = \frac{1}{12}$ ✓ K: $\frac{1}{12} + \frac{3}{4} = \frac{1+9}{12} = \frac{10}{12} = \frac{5}{6}$

Kontrolliere mit der Umkehraufgabe.

1. $\frac{3}{4} - \frac{1}{5} = \frac{15-4}{20} = \frac{11}{20}$ K: $\frac{11}{20} + \frac{1}{5} = \frac{11+4}{20} = \frac{15}{20} = \frac{3}{4}$
2. $\frac{3}{4} - \frac{3}{7} = \frac{21-12}{28} = \frac{9}{28}$ K: $\frac{9}{28} + \frac{3}{7} = \frac{9+12}{28} = \frac{21}{28} = \frac{3}{4}$
3. $\frac{5}{8} - \frac{2}{5} = \frac{25-16}{40} = \frac{9}{40}$ K: $\frac{9}{40} + \frac{2}{5} = \frac{9+16}{40} = \frac{25}{40} = \frac{5}{8}$
4. $\frac{5}{7} - \frac{3}{5} = \frac{25-21}{35} = \frac{4}{35}$ K: $\frac{4}{35} + \frac{3}{5} = \frac{4+21}{35} = \frac{25}{35} = \frac{5}{7}$
5. $\frac{7}{9} - \frac{3}{4} = \frac{28-27}{36} = \frac{1}{36}$ K: $\frac{1}{36} + \frac{3}{4} = \frac{1+27}{36} = \frac{28}{36} = \frac{7}{9}$
6. $\frac{5}{6} - \frac{2}{7} = \frac{35-12}{42} = \frac{23}{42}$ K: $\frac{23}{42} + \frac{2}{7} = \frac{23+12}{20} = \frac{35}{42} = \frac{5}{6}$

7. Merke:

$2 \cdot 75 =$ 150	$3 \cdot 75 =$ 225	$5 \cdot 75 =$ 375
$4 \cdot 75 =$ 300	$6 \cdot 75 =$ 450	$10 \cdot 75 =$ 750
$8 \cdot 75 =$ 600	$12 \cdot 75 =$ 900	$20 \cdot 75 =$ 1500

Rechne von unten nach oben oder von oben nach unten.
Addiere zur Kontrolle in umgekehrter Richtung.

8	9	10	11
2,50	16,50	155,50	2,75
+ 6,99	+ 6,90	+ 83,—	+ 20,—
+ 1,17	+ 1,35	+ 56,35	+ 1,98
+ 12,80	+ 12,60	+ 399,—	+ 0,99
+ 2,99	+ 3,98	+ 16,80	+ 6,50
+ 0,99	+ 1,10	+ 105,—	+ 17,38
27,44	42,43	815,65	49,60

a) $3 \cdot \frac{1}{4} = \frac{3}{4}$ b) $20 \cdot \frac{3}{8} = \frac{60}{8} = 7\frac{1}{2}$ c) $\frac{3}{\cancel{4}_2} \cdot \frac{\cancel{2}^1}{7} = \frac{3}{14}$

1	2	3
$5 \cdot \frac{1}{8} = \frac{5}{8}$	$10 \cdot \frac{1}{4} = \frac{\cancel{10}^5}{\cancel{4}_2} = \frac{5}{2} = 2\frac{1}{2}$	$\frac{3}{4} \cdot \frac{3}{8} = \frac{9}{32}$
$3 \cdot \frac{5}{7} = \frac{15}{7} = 2\frac{1}{7}$	$20 \cdot \frac{5}{6} = \frac{\cancel{100}^{50}}{\cancel{6}_3} = \frac{50}{3} = 16\frac{2}{3}$	$\frac{5}{7} \cdot \frac{1}{4} = \frac{5}{28}$
$4 \cdot \frac{7}{9} = \frac{28}{9} = 3\frac{1}{9}$	$10 \cdot \frac{3}{4} = \frac{\cancel{30}^{15}}{\cancel{4}_2} = \frac{15}{2} = 7\frac{1}{2}$	$\frac{4}{5} \cdot \frac{1}{2} = \frac{\cancel{4}^2}{\cancel{10}_5} = \frac{2}{5}$
$6 \cdot \frac{5}{16} = \frac{\cancel{30}^{15}}{\cancel{16}_8} = \frac{15}{8} = 1\frac{7}{8}$	$30 \cdot \frac{2}{7} = \frac{60}{7} = 8\frac{4}{7}$	$\frac{5}{6} \cdot \frac{1}{8} = \frac{5}{48}$
$5 \cdot \frac{9}{17} = \frac{45}{17} = 2\frac{11}{17}$	$50 \cdot \frac{1}{2} = \frac{\cancel{50}^{25}}{\cancel{2}_1} = \frac{25}{1} = 25$	$\frac{7}{9} \cdot \frac{3}{4} = \frac{\cancel{21}^7}{\cancel{36}_{12}} = \frac{7}{12}$
$9 \cdot \frac{4}{25} = \frac{36}{25} = 1\frac{11}{25}$	$40 \cdot \frac{1}{3} = \frac{40}{3} = 13\frac{1}{3}$	$\frac{5}{16} \cdot \frac{2}{5} = \frac{10}{80} = \frac{1}{8}$

Rechentrick bei (:) (siehe Seite 18)

4	5	6
4 200 : 700 = 6	2 700 : 300 = 9	21 000 : 700 = 30
35 000 : 500 = 70	560 : 80 = 7	2 100 : 300 = 7
2 400 : 60 = 40	2 800 : 400 = 7	48 000 : 600 = 80
27 000 : 900 = 30	450 : 50 = 9	7 200 : 80 = 90

7
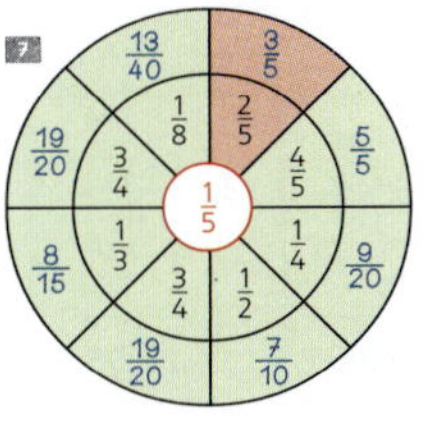

8
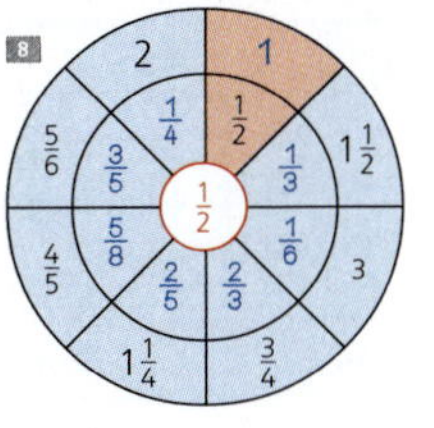

a) $\frac{3}{4} : 5 = \frac{3}{4 \cdot 5} = \frac{3}{20}$ b) $\frac{3}{4} : \frac{1}{8} = \frac{3}{4} \cdot \frac{8}{1} = \frac{24}{4} = 6$

1. $\frac{3}{4} : 6 = \frac{3}{4 \cdot 6} = \frac{3}{24} = \frac{1}{8}$
2. $\frac{2}{5} : 4 = \frac{2}{5 \cdot 4} = \frac{2}{20} = \frac{1}{10}$
3. $\frac{5}{12} : 7 = \frac{5}{12 \cdot 7} = \frac{5}{84}$
4. $\frac{7}{15} : 8 = \frac{7}{15 \cdot 8} = \frac{7}{120}$
5. $\frac{3}{8} : 6 = \frac{3}{8 \cdot 6} = \frac{3}{48} = \frac{1}{16}$
6. $\frac{6}{25} : 5 = \frac{6}{25 \cdot 5} = \frac{6}{125}$
7. $\frac{3}{4} : \frac{1}{2} = \frac{3}{4} \cdot \frac{2}{1} = \frac{6}{4} = \frac{3}{2} = 1\frac{1}{2}$
8. $\frac{5}{12} : \frac{3}{8} = \frac{5}{\cancel{12}_3} \cdot \frac{\cancel{8}^2}{3} = \frac{10}{9} = 1\frac{1}{9}$
9. $\frac{7}{9} : \frac{4}{5} = \frac{7}{9} \cdot \frac{5}{4} = \frac{35}{36}$
10. $\frac{12}{25} : \frac{3}{7} = \frac{\cancel{12}^4}{25} \cdot \frac{7}{\cancel{3}_1} = \frac{28}{25} = 1\frac{3}{25}$
11. $\frac{7}{12} : \frac{5}{6} = \frac{7}{\cancel{12}_2} \cdot \frac{\cancel{6}^1}{5} = \frac{7}{10}$
12. $\frac{6}{15} : \frac{3}{5} = \frac{\cancel{6}^2}{\cancel{15}_3} \cdot \frac{\cancel{5}^1}{\cancel{3}_1} = \frac{2}{3}$

13

·	15	25	75
5	75	125	375
4	60	100	300
8	120	200	600
3	45	75	225
6	90	150	450
7	105	175	525

14

:	60	40	70
320	$5\frac{2\cancel{0}}{6\cancel{0}}$	8	$4\frac{4\cancel{0}}{7\cancel{0}}$
420	7	$10\frac{2\cancel{0}}{4\cancel{0}}$	6
350	$5\frac{5\cancel{0}}{6\cancel{0}}$	$8\frac{3\cancel{0}}{4\cancel{0}}$	5
300	5	$7\frac{2\cancel{0}}{4\cancel{0}}$	$4\frac{2\cancel{0}}{7\cancel{0}}$
280	$4\frac{4\cancel{0}}{6\cancel{0}}$	7	4
630	$10\frac{3\cancel{0}}{6\cancel{0}}$	$15\frac{3\cancel{0}}{4\cancel{0}}$	9

15. 350 $: 40 = 8\frac{3}{4}$ K: $8\frac{3}{4} \cdot 40 = \frac{35}{\cancel{4}_1} \cdot \cancel{40}_{10} = 35 \cdot 10 = 350$
16. 370 $: 60 = 6\frac{1}{6}$ K: $6\frac{1}{6} \cdot 60 = \frac{37}{\cancel{6}_1} \cdot \cancel{60}^{10} = 37 \cdot 10 = 370$
17. 300 $: 70 = 4\frac{2}{7}$ K: $4\frac{2}{7} \cdot 70 = \frac{30}{\cancel{7}_1} \cdot \cancel{70}^{10} = 30 \cdot 10 = 300$
18. 350 $: 80 = 4\frac{3}{8}$ K: $4\frac{3}{8} \cdot 80 = \frac{35}{\cancel{8}_1} \cdot \cancel{80}^{10} = 35 \cdot 10 = 350$
19. 294 $: 30 = 9\frac{4}{5}$ K: $9\frac{4}{5} \cdot 30 = \frac{49}{\cancel{5}_1} \cdot \cancel{30}^{6} = 49 \cdot 6 = 294$
20. 553 $: 70 = 7\frac{9}{10}$ K: $7\frac{9}{10} \cdot 70 = \frac{79}{\cancel{10}_1} \cdot \cancel{70}^{7} = 79 \cdot 7 = 553$

$2\frac{1}{4} : 1\frac{5}{8} = \frac{9}{4} : \frac{13}{8} = \frac{9}{4} \cdot \frac{8}{13} = \frac{72}{52} = 1\frac{20}{52} = 1\frac{5}{13}$

1. $3\frac{1}{2} : \frac{3}{8} = \frac{7}{2} : \frac{3}{8} = \frac{7}{\cancel{2}_1} \cdot \frac{\cancel{8}^4}{3} = \frac{28}{3} = 9\frac{1}{3}$
2. $2\frac{1}{2} : 1\frac{1}{6} = \frac{5}{2} : \frac{7}{6} = \frac{5}{\cancel{2}_1} \cdot \frac{\cancel{6}^3}{7} = \frac{15}{7} = 2\frac{1}{7}$
3. $3\frac{1}{3} : 2\frac{5}{6} = \frac{10}{3} : \frac{17}{6} = \frac{10}{\cancel{3}_1} \cdot \frac{\cancel{6}^2}{17} = \frac{20}{17} = 1\frac{3}{17}$
4. $4\frac{5}{7} : \frac{3}{4} = \frac{33}{7} : \frac{3}{4} = \frac{\cancel{33}^{11}}{7} \cdot \frac{4}{\cancel{3}_1} = \frac{44}{7} = 6\frac{2}{7}$
5. $3\frac{3}{4} : 2\frac{3}{5} = \frac{15}{4} : \frac{13}{5} = \frac{15}{4} \cdot \frac{5}{13} = \frac{75}{52} = 1\frac{23}{52}$
6. $5\frac{3}{12} : 1\frac{2}{3} = \frac{63}{12} : \frac{5}{3} = \frac{63}{\cancel{12}_4} \cdot \frac{\cancel{3}^1}{5} = \frac{63}{20} = 3\frac{3}{20}$
7. $2\frac{5}{6} : \frac{7}{9} = \frac{17}{6} : \frac{7}{9} = \frac{17}{\cancel{6}_2} \cdot \frac{\cancel{9}^3}{7} = \frac{51}{14} = 3\frac{9}{14}$
8. $3\frac{4}{25} : 2\frac{1}{2} = \frac{79}{25} : \frac{5}{2} = \frac{79}{25} \cdot \frac{2}{5} = \frac{158}{125} = 1\frac{33}{125}$

Rechentrick bei (·) mal

Beispiel:

schwer: 6,99 € · 5 =

leicht: 7 € · 5 = 35 € 35 € – 5 ct = 34,95 €

Zuerst 7 € · 5, dann – 5 ct.

9	10	11
6,99 € · 3 = 20,97 €	10,99 € · 3 = 32,97 €	3,98 € · 4 = 15,92 €
3,99 € · 5 = 19,95 €	4,99 € · 6 = 29,94 €	1,98 € · 8 = 15,84 €
1,99 € · 9 = 17,91 €	12,99 € · 4 = 51,96 €	5,98 € · 6 = 35,88 €
2,99 € · 7 = 20,93 €	5,99 € · 2 = 11,98 €	4,95 € · 5 = 24,75 €
4,99 € · 8 = 39,92 €	13,99 € · 3 = 41,97 €	9,95 € · 2 = 19,90 €
8,99 € · 2 = 17,98 €	7,99 € · 7 = 55,93 €	6,95 € · 7 = 48,65 €

Das Übungsheft 6 – Lösungen (Seite 30–33)

$\frac{6}{7} : \frac{3}{4} = \frac{\not{6}^2}{7} \cdot \frac{4}{\not{3}_1} = \frac{8}{7} = 1\frac{1}{7}$ ✓ K: $1\frac{1}{7} \cdot \frac{3}{4} = \frac{8}{7} \cdot \frac{3}{4} = \frac{24}{28} = \frac{6}{7}$

Kontrolliere mit der Umkehraufgabe.

1* $\frac{3}{4} : 7 = \frac{3}{4} : \frac{7}{1} = \frac{3}{4} \cdot \frac{1}{7} = \frac{3}{28}$ K: $\frac{3}{28_4} \cdot 7^1 = \frac{3}{4}$

2 $\frac{3}{5} : \frac{1}{6} = \frac{3}{5} \cdot \frac{6}{1} = \frac{18}{5} = 3\frac{3}{5}$ K: $3\frac{3}{5} \cdot \frac{1}{6} = \frac{18^3}{5} \cdot \frac{1}{6_1} = \frac{3}{5}$

3 $\frac{7}{12} : 3 = \frac{7}{12} : \frac{3}{1} = \frac{7}{12} \cdot \frac{1}{3} = \frac{7}{36}$ K: $\frac{7}{36_{12}} \cdot 3^1 = \frac{7}{12}$

4 $\frac{5}{8} : \frac{0}{4} =$ n.l. K: n.l.

5 $\frac{1}{4} : \frac{4}{5} = \frac{1}{4} \cdot \frac{5}{4} = \frac{5}{16}$ K: $\frac{5^1}{16_4} \cdot \frac{4^1}{5_1} = \frac{1}{4}$

6 $\frac{8}{15} : 3 = \frac{8}{15} : \frac{3}{1} = \frac{8}{15} \cdot \frac{1}{3} = \frac{8}{45}$ K: $\frac{8}{45_{15}} \cdot 3^1 = \frac{8}{15}$

Auswendig!

7

·	6	4	8	3	0	9	7	5	20
75	450	300	600	225	0	675	525	375	1 500
25	150	100	200	75	0	225	175	125	500
12	72	48	96	36	0	108	84	60	240
15	90	60	120	45	0	135	105	75	300

Rechne von unten nach oben oder von oben nach unten.
Addiere zur Kontrolle in umgekehrter Richtung.

8
3,65
+ 1,09
+ 12,50
+ 23,—
+ 7,99
+ 0,98
49,21

9
125,—
+ 96,—
+ 37,90
+ 118,—
+ 96,50
473,40

10
1,99
+ 17,60
+ 3,36
+ 9,99
+ 15,—
47,94

11
1,66
+ 0,99
+ 3,44
+ 10,—
+ 8,97
+ 3,99
29,05

1* bis 6 Schreibe „n. l." bei nicht lösbaren Aufgaben.

Kontrolliere mit der Umkehraufgabe.

1 517 – 399 = 118 K: 118 + 399 = 517

2 236 + 498 = 734 K: 734 – 498 = 236

3 $1\frac{2}{5} - \frac{1}{4} = \frac{7}{5} - \frac{1}{4} = \frac{28-5}{20} = \frac{23}{20} = 1\frac{3}{20}$ K: $1\frac{3}{20} + \frac{1}{4} = \frac{23}{20} + \frac{1}{4} = \frac{23+5}{20} = \frac{28}{20} = 1\frac{8}{20} = 1\frac{2}{5}$

4 $\frac{5}{6} + 1\frac{1}{2} = \frac{5}{6} + \frac{3}{2} = \frac{5+9}{6} = \frac{14}{6} = \frac{7}{3} = 2\frac{1}{3}$ K: $2\frac{1}{3} - 1\frac{1}{2} = \frac{7}{3} - \frac{3}{2} = \frac{14-9}{6} = \frac{5}{6}$

5 216 · 3 = 648 K: 648 : 3 = 216

6 200 : 25 = 8 K: 8 · 25 = 200

7 $\frac{3}{7} : \frac{1}{4} = \frac{3}{7} \cdot \frac{4}{1} = \frac{12}{7} = 1\frac{5}{7}$ K: $1\frac{5}{7} \cdot \frac{1}{4} = \frac{12^3}{7} \cdot \frac{1}{4_1} = \frac{3}{7}$

8 $\frac{5}{12} \cdot \frac{3}{5} = \frac{5^1}{12_4} \cdot \frac{3^1}{5_1} = \frac{1}{4}$ K: $\frac{1}{4} : \frac{3}{5} = \frac{1}{4} \cdot \frac{5}{3} = \frac{5}{12}$

9		10		11		12	
11^2 =	121	3^3 =	27	2^4 =	16	3^4 =	81
12^2 =	144	4^3 =	64	2^5 =	32	3^5 =	243
13^2 =	169	5^3 =	125	2^6 =	64	4^4 =	256
14^2 =	196	6^3 =	216	2^7 =	128	5^4 =	625
15^2 =	225	10^3 =	1000	2^8 =	256	10^1 =	10

Rechentrick bei + – · (siehe Seite 7, 15 und 29)

13
24,50 € + 4,99 € = 29,49€
6,85 € + 1,98 € = 8,83€
17,80 € – 3,99 € = 13,81€
7,33 € – 2,98 € = 4,35€

14
2,99 € · 6 = 17,94€
7,98 € · 2 = 15,96€
4,99 € · 5 = 24,95€
8,98 € · 3 = 26,94€

15

+	75	49	125	150
75	150	124	200	225
95	170	144	220	245

16

–	55	36	99	120
120	65	84	21	0
200	145	164	101	80

A	C	D	E	G	H	I	L	N	O	P	R	S	T	U	W	.
0	$\frac{3}{20}$	$\frac{1}{4}$	$\frac{4}{5}$	1	16	87	144	169	196	225	300	388	585	600	625	1 000

189 + 199 = 388 S
14^2 = 196 O
3 · 75 = 225 P
4 : $\frac{1}{4}$ = 16 H
386 – 299 = 87 I
$\frac{17}{40} : \frac{3}{8}$ = $\frac{4}{5}$ E
194 · 2 = 388 S
$\frac{3}{4} \cdot \frac{1}{5}$ = $\frac{3}{20}$ C
64 : 4 = 16 H
128 + 68 = 196 O

494 – 350 = 144 L
12^2 = 144 L
125 · 5 = 625 W
174 : 2 = 87 I
$\frac{5}{28} : \frac{5}{7}$ = $\frac{1}{4}$ D
$\frac{21}{20} - \frac{1}{4}$ = $\frac{4}{5}$ E
400 · $\frac{3}{4}$ = 300 R
887 – 499 = 388 S
165 + 420 = 585 T
$3\frac{1}{2} \cdot \frac{0}{7}$ = 0 A

13^2 = 169 N
$\frac{1}{32} \cdot 8$ = $\frac{1}{4}$ D
97 : $\frac{1}{4}$ = 388 S
$\frac{3}{5} : \frac{9}{15}$ = 1 G
35 : $\frac{7}{60}$ = 300 R
8 · 75 = 600 U
624 – 399 = 225 P
15^2 = 225 P
$\frac{24}{5} : 6$ = $\frac{4}{5}$ E
468 + 532 = 1000 .

SOPHIE SCHOLL wurde am 22.2.1943 mit ihrem Bruder Hans in München hingerichtet, weil sie sich mit der WIDERSTANDSGRUPPE „Weiße Rose" gegen den Naziterror wehrte .

Was fällt auf?

1		2		3	
40 : 8 =	5	100 : 10 =	10	72 : 12 =	6
40 : 4 =	10	100 : 5 =	20	72 : 8 =	9
40 : 2 =	20	100 : 2 =	50	72 : 4 =	18
40 : 1 =	40	100 : 1 =	100	72 : 1 =	72
40 : $\frac{1}{2}$ =	80	100 : $\frac{1}{2}$ =	200	72 : $\frac{1}{4}$ =	288
40 : $\frac{1}{4}$ =	160	100 : $\frac{1}{5}$ =	500	72 : $\frac{1}{8}$ =	576
40 : $\frac{1}{8}$ =	320	100 : $\frac{1}{10}$ =	1000	72 : $\frac{1}{12}$ =	864

Löse mithilfe der Umkehraufgabe.

4 $2\frac{1}{6} : \frac{1}{3} = 6\frac{1}{2}$ K: $6\frac{1}{2} \cdot \frac{1}{3} = \frac{13}{2} \cdot \frac{1}{3} = \frac{13}{6} = 2\frac{1}{6}$

5 $\frac{9}{20} : \frac{3}{8} = 1\frac{1}{5}$ K: $1\frac{1}{5} \cdot \frac{3}{8} = \frac{6}{5} \cdot \frac{3}{8} = \frac{18}{40} = \frac{9}{20}$

6 $1\frac{19}{30} - \frac{4}{5} = \frac{5}{6}$ K: $\frac{5}{6} + \frac{4}{5} = \frac{25+24}{30} = \frac{49}{30} = 1\frac{19}{30}$

7 $2\frac{1}{21} - \frac{5}{7} = 1\frac{1}{3}$ K: $1\frac{1}{3} + \frac{5}{7} = \frac{4}{3} + \frac{5}{7} = \frac{28+15}{21} = \frac{43}{21} = 1\frac{1}{21}$

8 $\frac{4}{25} \cdot \frac{3}{4} = \frac{3}{25}$ K: $\frac{3}{25} : \frac{3}{4} = \frac{3^1}{25} \cdot \frac{4}{3_1} = \frac{4}{25}$

9 $\frac{5}{18} \cdot 1\frac{1}{2} = \frac{5}{12}$ K: $\frac{5}{12} : 1\frac{1}{2} = \frac{5}{12} : \frac{3}{2} = \frac{5}{12_6} \cdot \frac{2^1}{3} = \frac{5}{18}$

10 $1\frac{7}{12} + \frac{3}{4} = 2\frac{1}{3}$ K: $2\frac{1}{3} - \frac{3}{4} = \frac{7}{3} - \frac{3}{4} = \frac{28-9}{12} = \frac{19}{12} = 1\frac{7}{12}$

11 $\frac{5}{8} + 1\frac{1}{8} = 1\frac{3}{4}$ K: $1\frac{3}{4} - 1\frac{1}{8} = \frac{7}{4} - \frac{9}{8} = \frac{14-9}{8} = \frac{5}{8}$

12		13		14	
10^2 =	100	5 · 25 =	125	7 · 12 =	84
11^2 =	121	8 · 25 =	200	8 · 15 =	120
12^2 =	144	6 · 25 =	150	6 · 12 =	72
13^2 =	169	9 · 25 =	225	5 · 15 =	75
14^2 =	196	7 · 25 =	175	9 · 12 =	108
15^2 =	225	16 · 25 =	400	7 · 15 =	105

Mathe-fit-Test 3

1
- 6 · 25 = 150
- 9 · 25 = 225
- 7 · 25 = 175
- 8 · 12 = 96
- 6 · 15 = 90
- 9 · 13 = 117

2
- 4 · 75 = 300
- 8 · 75 = 600
- 5 · 75 = 375
- 9 · 75 = 675
- 0 · 75 = 0
- 7 · 75 = 525

3
- 84 : 12 = 7
- 200 : 25 = 8
- 78 : 13 = 6
- 225 : 75 = 3
- 135 : 15 = 9
- 450 : 75 = 6

Kontrolliere mit der Umkehraufgabe.

4* $\frac{1}{4}+\frac{3}{8} = \frac{2+3}{8} = \frac{5}{8}$ — K: $\frac{5}{8}-\frac{3}{8}=\frac{2}{8}=\frac{1}{4}$

5 $\frac{3}{7}+\frac{1}{3} = \frac{9+7}{21} = \frac{16}{21}$ — K: $\frac{16}{21}-\frac{1}{3}=\frac{16-7}{21}=\frac{9}{21}=\frac{3}{7}$

6 $\frac{2}{3}-\frac{4}{5} =$ n.l. — K: n.l.

7 $\frac{5}{6}-\frac{3}{4} = \frac{10-9}{12} = \frac{1}{12}$ — K: $\frac{1}{12}+\frac{3}{4}=\frac{1+9}{12}=\frac{10}{12}=\frac{5}{6}$

8 $6\cdot\frac{5}{12} = \frac{6\cdot 5}{12} = \frac{30}{12} = 2\frac{6}{12} = 2\frac{1}{2}$ — K: $2\frac{1}{2}:\frac{5}{12}=\frac{5}{2}:\frac{5}{12}=\frac{5}{2}\cdot\frac{12}{5}=\frac{6}{1}=6$

9 $\frac{3}{7}\cdot\frac{1}{4} = \frac{3\cdot 1}{7\cdot 4} = \frac{3}{28}$ — K: $\frac{3}{28}:\frac{1}{4}=\frac{3}{28}\cdot\frac{4}{1}=\frac{3}{7}$

10 $\frac{5}{9}:3 = \frac{5}{9}:\frac{3}{1} = \frac{5}{9}\cdot\frac{1}{3} = \frac{5}{27}$ — K: $\frac{5}{27}\cdot 3=\frac{5\cdot 3}{27}=\frac{5}{9}$

11 $\frac{7}{10}:\frac{3}{4} = \frac{7}{10}\cdot\frac{4}{3} = \frac{14}{15}$ — K: $\frac{14}{15}\cdot\frac{3}{4}=\frac{7}{10}$

12
- 4,75 € – 1,99 € = 2,76€
- 3,68 € – 2,50 € = 1,18€
- 7,38 € – 3,98 € = 3,40€
- 3,26 € + 3,99 € = 7,25€
- 7,53 € + 4,98 € = 12,51€
- 6,17 € + 2,30 € = 8,47€

13
- 7,50 € · 3 = 22,50€
- 12,10 € · 4 = 48,40€
- 6,99 € · 5 = 34,95€
- 13,99 € · 4 = 55,96€
- 1,99 € · 8 = 15,92€
- 10,60 € · 6 = 63,60€

4 * bis 11 Schreibe „n. l." bei nicht lösbaren Aufgaben.

 8 Schreibe „n. l." bei nicht lösbaren Aufgaben. Du hast ☐ Aufgaben richtig gelöst.

---

a) $\frac{3}{5}=\frac{6}{10}$ b) $\frac{1}{25}=\frac{4}{100}$ c) $\frac{1}{8}=\frac{125}{1000}$

Erweitere auf Zehntel, Hundertstel oder Tausendstel.

1
- $\frac{1}{2}=\frac{5}{10}$
- $\frac{1}{4}=\frac{25}{100}$
- $\frac{3}{4}=\frac{75}{100}$

2
- $\frac{1}{5}=\frac{2}{10}$
- $\frac{3}{8}=\frac{375}{1000}$
- $\frac{1}{20}=\frac{5}{100}$

3
- $\frac{2}{5}=\frac{4}{10}$
- $\frac{5}{8}=\frac{625}{1000}$
- $\frac{3}{25}=\frac{12}{100}$

4*
- $\frac{11}{20}=\frac{55}{100}$
- $\frac{1}{3}=$ n.l.
- $\frac{7}{8}=\frac{875}{1000}$

Schreibe als Dezimalzahl.

5
- $\frac{6}{10}=$ 0,6
- $\frac{5}{10}=$ 0,5
- $\frac{9}{10}=$ 0,9

6
- $\frac{25}{100}=$ 0,25
- $\frac{125}{1000}=$ 0,125
- $\frac{7}{100}=$ 0,07

7
- $\frac{2}{10}=$ 0,2
- $\frac{75}{100}=$ 0,75
- $\frac{5}{1000}=$ 0,005

8
- $\frac{4}{10}=$ 0,4
- $\frac{375}{1000}=$ 0,375
- $\frac{5}{100}=$ 0,05

9
- $11^2 =$ 121
- $15^2 =$ 225
- $10^2 =$ 100
- $12^2 =$ 144
- $13^2 =$ 169
- $14^2 =$ 196
- $6^3 =$ 216
- $4^3 =$ 64

10

+	$\frac{1}{2}$	$\frac{1}{3}$	$\frac{1}{4}$	$\frac{1}{5}$	$\frac{1}{6}$
$\frac{1}{5}$	$\frac{2+5}{10}=\frac{7}{10}$	$\frac{3+5}{15}=\frac{8}{15}$	$\frac{4+5}{20}=\frac{9}{20}$	$\frac{1+1}{5}=\frac{2}{5}$	$\frac{6+5}{30}=\frac{11}{30}$
$\frac{1}{4}$	$\frac{1+2}{4}=\frac{3}{4}$	$\frac{3+4}{12}=\frac{7}{12}$	$\frac{1+1}{4}=\frac{2}{4}=\frac{1}{2}$	$\frac{5+4}{20}=\frac{9}{20}$	$\frac{3+2}{12}=\frac{5}{12}$
$\frac{1}{3}$	$\frac{2+3}{6}=\frac{5}{6}$	$\frac{1+1}{3}=\frac{2}{3}$	$\frac{4+3}{12}=\frac{7}{12}$	$\frac{5+3}{15}=\frac{8}{15}$	$\frac{2+1}{6}=\frac{3}{6}=\frac{1}{2}$
$\frac{1}{2}$	$\frac{1+1}{2}=1$	$\frac{3+2}{6}=\frac{5}{6}$	$\frac{2+1}{4}=\frac{3}{4}$	$\frac{5+2}{10}=\frac{7}{10}$	$\frac{3+1}{6}=\frac{4}{6}=\frac{2}{3}$
1	$\frac{2+1}{2}=\frac{3}{2}=1\frac{1}{2}$	$\frac{3+1}{3}=\frac{4}{3}=1\frac{1}{3}$	$\frac{4+1}{4}=\frac{5}{4}=1\frac{1}{4}$	$\frac{5+1}{5}=\frac{6}{5}=1\frac{1}{5}$	$\frac{6+1}{6}=\frac{7}{6}=1\frac{1}{6}$

4 *Schreibe „n. l." bei nicht lösbaren Aufgaben.

---

1 Merke:

- $\frac{1}{2}=$ 0,5
- $\frac{1}{4}=$ 0,25
- $\frac{3}{4}=$ 0,75
- $\frac{1}{10}=$ 0,1
- $\frac{1}{8}=$ 0,125
- $\frac{3}{8}=$ 0,375
- $\frac{5}{8}=$ 0,625
- $\frac{7}{8}=$ 0,875
- $\frac{1}{5}=$ 0,2
- $\frac{2}{5}=$ 0,4
- $\frac{3}{5}=$ 0,6
- $\frac{4}{5}=$ 0,8

Rechentrick bei (+) (–) (·) (siehe Seite 7, 15 und 29)

2
- 5,25 € + 0,99 € = 6,24€
- 16,40 € + 3,98 € = 20,38€
- 7,50 € + 9,99 € = 17,49€
- 15,60 € – 5,99 € = 9,61€
- 4,80 € – 1,99 € = 2,81€
- 19,30 € – 7,98 € = 11,32€

3
- 3,99 € · 5 = 19,95€
- 8,99 € · 3 = 26,97€
- 12,99 € · 2 = 25,98€
- 4,98 € · 4 = 19,92€
- 11,98 € · 3 = 35,94€
- 3,98 € · 8 = 31,84€

4

–	9,99 €
10,00 €	0,01€
15,00 €	5,01€
14,50 €	4,51€
21,80 €	11,81€
13,45 €	3,46€
50,00 €	40,01€

5*

–	$\frac{1}{3}$	$\frac{1}{4}$	$\frac{1}{5}$	$\frac{1}{6}$	$\frac{1}{10}$
1	$\frac{2}{3}$	$\frac{3}{4}$	$\frac{4}{5}$	$\frac{5}{6}$	$\frac{9}{10}$
$\frac{1}{2}$	$\frac{3-2}{6}=\frac{1}{6}$	$\frac{2-1}{4}=\frac{1}{4}$	$\frac{5-2}{10}=\frac{3}{10}$	$\frac{3-1}{6}=\frac{2}{6}=\frac{1}{3}$	$\frac{5-1}{10}=\frac{4}{10}=\frac{2}{5}$
$\frac{1}{3}$	0	$\frac{4-3}{12}=\frac{1}{12}$	$\frac{5-3}{15}=\frac{2}{15}$	$\frac{2-1}{6}=\frac{1}{6}$	$\frac{10-3}{30}=\frac{7}{30}$
$\frac{1}{4}$	$\frac{3-4}{12}$ n.l.	0	$\frac{5-4}{20}=\frac{1}{20}$	$\frac{3-2}{12}=\frac{1}{12}$	$\frac{5-2}{20}=\frac{3}{20}$
$\frac{1}{5}$	$\frac{3-5}{15}$ n.l.	$\frac{4-5}{20}$ n.l.	0	$\frac{6-5}{30}=\frac{1}{30}$	$\frac{2-1}{10}=\frac{1}{10}$

 5 *Schreibe „n. l." bei nicht lösbaren Aufgaben.

Schreibe als Dezimalzahl.

1
- $3\frac{1}{4}=$ 3,25
- $4\frac{1}{5}=$ 4,2
- $1\frac{1}{2}=$ 1,5
- $9\frac{2}{5}=$ 9,4
- $1\frac{3}{4}=$ 1,75
- $2\frac{7}{10}=$ 2,7
- $6\frac{1}{4}=$ 6,25

2
- $5\frac{1}{8}=$ 5,125
- $2\frac{3}{4}=$ 2,75
- $6\frac{3}{5}=$ 6,6
- $8\frac{3}{8}=$ 8,375
- $3\frac{1}{10}=$ 3,1
- $1\frac{7}{8}=$ 1,875
- $4\frac{1}{8}=$ 4,125

3
- $9\frac{1}{4}=$ 9,25
- $1\frac{5}{8}=$ 1,625
- $3\frac{4}{5}=$ 3,8
- $7\frac{1}{2}=$ 7,5
- $6\frac{1}{4}=$ 6,25
- $2\frac{3}{4}=$ 2,75
- $5\frac{9}{10}=$ 5,9

Bei einigen Aufgaben kannst du einen Rechentrick anwenden.

4
- 3,45 € · 3 = 10,35€
- 6,99 € · 5 = 34,95€
- 7,20 € · 4 = 28,80€
- 2,98 € · 8 = 23,84€
- 4,60 € · 6 = 27,60€

5
- 7,50 € + 2,34 € = 9,84€
- 6,25 € + 1,99 € = 8,24€
- 9,85 € – 3,50 € = 6,35€
- 8,60 € – 4,98 € = 3,62€
- 6,93 € – 5,10 € = 1,83€

6
- 6,80 € : 2 = 3,40€
- 4,20 € : 7 = 0,60€
- 6,15 € : 3 = 2,05€
- 7,20 € : 8 = 0,90€
- 3,72 € : 6 = 0,62€

Löse mithilfe der Umkehraufgabe.

7
- $3\frac{11}{14} - \frac{2}{7} = 3\frac{1}{2}$ — K: $3\frac{1}{2}+\frac{2}{7}=\frac{7}{2}+\frac{2}{7}=\frac{49+4}{14}=\frac{53}{14}=3\frac{11}{14}$
- $2\frac{1}{12} - \frac{5}{6} = 1\frac{1}{4}$ — K: $1\frac{1}{4}+\frac{5}{6}=\frac{5}{4}+\frac{5}{6}=\frac{15+10}{12}=\frac{25}{12}=2\frac{1}{12}$
- $1\frac{3}{8} : \frac{1}{4} = 5\frac{1}{2}$ — K: $5\frac{1}{2}\cdot\frac{1}{4}=\frac{11}{2}\cdot\frac{1}{4}=\frac{11}{8}=1\frac{3}{8}$
- $1\frac{3}{8} : \frac{5}{8} = 2\frac{1}{5}$ — K: $2\frac{1}{5}\cdot\frac{5}{8}=\frac{11}{5}\cdot\frac{5}{8}=\frac{11}{8}=1\frac{3}{8}$
- $5\frac{7}{12} + \frac{2}{3} = 6\frac{1}{4}$ — K: $6\frac{1}{4}-\frac{2}{3}=\frac{25}{4}-\frac{2}{3}=\frac{75-8}{12}=\frac{67}{12}=5\frac{7}{12}$
- $3\frac{5}{6} + \frac{1}{2} = 4\frac{1}{3}$ — K: $4\frac{1}{3}-\frac{1}{2}=\frac{13}{3}-\frac{1}{2}=\frac{26-3}{6}=\frac{23}{6}=3\frac{5}{6}$
- $1\frac{7}{8} \cdot \frac{4}{5} = 1\frac{1}{2}$ — K: $1\frac{1}{2}:\frac{4}{5}=\frac{3}{2}:\frac{4}{5}=\frac{3}{2}\cdot\frac{5}{4}=\frac{15}{8}=1\frac{7}{8}$
- $37\frac{1}{2} \cdot \frac{1}{10} = 3\frac{3}{4}$ — K: $3\frac{3}{4}:\frac{1}{10}=\frac{15}{4}\cdot\frac{10}{1}=\frac{150}{4}=37\frac{2}{4}=37\frac{1}{2}$

a) $0{,}5 = \frac{5}{10} = \frac{1}{2}$ b) $0{,}75 = \frac{75}{100} = \frac{3}{4}$

Schreibe als Bruch. Kürze, wenn möglich.

1
- $0{,}25 = \frac{25}{100} = \frac{1}{4}$
- $0{,}4 = \frac{4}{10} = \frac{2}{5}$
- $0{,}125 = \frac{125}{1000} = \frac{1}{8}$
- $0{,}2 = \frac{2}{10} = \frac{1}{5}$
- $0{,}375 = \frac{375}{1000} = \frac{3}{8}$
- $0{,}6 = \frac{6}{10} = \frac{3}{5}$
- $0{,}3 = \frac{3}{10}$
- $0{,}7 = \frac{7}{10}$

2
- $0{,}8 = \frac{8}{10} = \frac{4}{5}$
- $0{,}75 = \frac{75}{100} = \frac{3}{4}$
- $0{,}625 = \frac{625}{1000} = \frac{5}{8}$
- $0{,}5 = \frac{1}{2}$
- $0{,}875 = \frac{875}{1000} = \frac{7}{8}$
- $0{,}1 = \frac{1}{10}$
- $0{,}9 = \frac{9}{10}$
- $0{,}750 = \frac{750}{1000} = \frac{3}{4}$

Bei einigen Aufgaben kannst du einen Rechentrick anwenden.

3
- 435 + 220 = 655
- 367 + 199 = 566
- 570 + 145 = 715
- 228 + 299 = 527
- 383 – 170 = 213
- 750 – 399 = 351
- 985 – 270 = 715
- 890 – 340 = 550

4
- 1,99 · 3 = 5,97
- 2,75 · 2 = 5,50
- 3,98 · 4 = 15,92
- 6,30 · 3 = 18,90
- 5,50 : 5 = 1,10
- 4,80 : 2 = 2,40
- 9,90 : 3 = 3,30
- 1,28 : 4 = 0,32

5
- 799 – 350 = 449
- 6,99 · 3 = 20,97
- 12,50 : 2 = 6,25
- 345 + 599 = 944
- 862 – 499 = 363
- 4,98 · 5 = 24,90
- 15,98 · 2 = 31,96
- 14,70 : 7 = 2,10

6

+	25	50	100	17
37	62	87	137	54
93	118	143	193	110
69	94	119	169	86

7*

–	40	65	0	35
115	75	50	115	80
78	38	13	78	43
40	0	n.l.	40	5

7 *Schreibe „n. l." bei nicht lösbaren Aufgaben.

Beim Multiplizieren – Komma nach rechts!
a) 4,46 · 10 = 44,6 b) 1,75 · 100 = 175 c) 2,50 · 30 = 75,0

1
- 23,52 · 10 = 235,2
- 4,35 · 20 = 87
- 76,5 · 10 = 765
- 0,12 · 30 = 3,60
- 6,05 · 10 = 60,5
- 10,20 · 40 = 408
- 0,07 · 10 = 0,7
- 3,16 · 20 = 63,2

2
- 1,425 · 100 = 142,5
- 0,27 · 100 = 27
- 6,4 · 200 = 1 280
- 0,540 · 100 = 54,0
- 1,25 · 300 = 375
- 80,05 · 200 = 16 010
- 13,05 · 100 = 1 305
- 0,99 · 200 = 198

3
- 3,75 · 20 = 75
- 0,16 · 300 = 48
- 47,08 · 10 = 470,8
- 1,14 · 400 = 456
- 0,276 · 20 = 5,52
- 8,05 · 100 = 805
- 0,40 · 500 = 200
- 10,50 · 50 = 525

4
- $\frac{3}{4} : 7 = \frac{3}{4} \cdot \frac{1}{7} = \frac{3}{28}$ K: $\frac{3}{28} \cdot 7 = \frac{3}{4}$
- $\frac{3}{5} : 6 = \frac{3}{5} \cdot \frac{1}{6} = \frac{1}{10}$ K: $\frac{1}{10} \cdot 6 = \frac{6}{10} = \frac{3}{5}$
- $\frac{5}{8} : 4 = \frac{5}{8} \cdot \frac{1}{4} = \frac{5}{32}$ K: $\frac{5}{32} \cdot 4 = \frac{5}{8}$
- $\frac{7}{10} : 5 = \frac{7}{10} \cdot \frac{1}{5} = \frac{7}{50}$ K: $\frac{7}{50} \cdot 5 = \frac{7}{10}$
- $\frac{1}{6} : 8 = \frac{1}{6} \cdot \frac{1}{8} = \frac{1}{48}$ K: $\frac{1}{48} \cdot 8 = \frac{1}{6}$

5

·	$\frac{1}{3}$	$\frac{1}{10}$	$\frac{1}{4}$	$\frac{1}{6}$	$\frac{1}{7}$	$\frac{1}{5}$	$\frac{1}{12}$	$\frac{1}{8}$	$\frac{1}{2}$
$\frac{1}{2}$	$\frac{1}{6}$	$\frac{1}{20}$	$\frac{1}{8}$	$\frac{1}{12}$	$\frac{1}{14}$	$\frac{1}{10}$	$\frac{1}{24}$	$\frac{1}{16}$	$\frac{1}{4}$
$\frac{1}{4}$	$\frac{1}{12}$	$\frac{1}{40}$	$\frac{1}{16}$	$\frac{1}{24}$	$\frac{1}{28}$	$\frac{1}{20}$	$\frac{1}{48}$	$\frac{1}{32}$	$\frac{1}{8}$
$\frac{1}{5}$	$\frac{1}{15}$	$\frac{1}{50}$	$\frac{1}{20}$	$\frac{1}{30}$	$\frac{1}{35}$	$\frac{1}{25}$	$\frac{1}{60}$	$\frac{1}{40}$	$\frac{1}{10}$

Beim Dividieren – Komma nach links!
Beim Multiplizieren – Komma nach rechts!
a) 44,6 : 10 = 4,46 b) 759 : 100 = 7,59 c) 66,90 : 30 = 2,23
4,46 · 10 = 44,6 7,59 · 100 = 759 2,23 · 30 = 66,90

Kontrolliere mit der Umkehraufgabe.

1
- 86,50 : 10 = 8,65 ✓ K: 8,65 · 10 = 86,5
- 86,50 : 20 = 4,325 K: 4,325 · 20 = 86,5
- 106,08 : 10 = 10,608 K: 10,608 · 10 = 106,08
- 16,08 : 20 = 0,804 K: 0,804 · 20 = 16,08
- 24,60 : 30 = 0,82 K: 0,82 · 30 = 24,60
- 8,40 : 10 = 0,84 K: 0,84 · 10 = 8,40
- 8,40 : 40 = 0,21 K: 0,21 · 40 = 8,40
- 150,00 : 50 = 3 K: 3 · 50 = 150,00

2

:	10
23,55	2,355
1,76	0,176
10,80	1,080
340,50	34,050
6,99	0,699
37,03	3,703
156,80	15,680

3
- 178,50 : 100 = 1,785 K: 1,785 · 100 = 178,50
- 36,50 : 200 = 0,1825 K: 0,1825 · 200 = 36,50
- 9,14 : 100 = 0,0914 K: 0,0914 · 100 = 9,14
- 18,20 : 200 = 0,0901 K: 0,0901 · 200 = 18,20
- 120,00 : 300 = 0,4 K: 0,4 · 300 = 120,00
- 7,99 : 100 = 0,0799 K: 0,0799 · 100 = 7,99
- 820,00 : 400 = 2,05 K: 2,05 · 400 = 820,00
- 63,09 : 100 = 0,6309 K: 0,6309 · 100 = 63,09

4

:	100
123,50	1,2350
15,85	0,1585
366,40	3,664
7,05	0,0705
44,20	0,442
0,66	0,0066
108,90	1,089

5*

–	1,50	3,99	10,00	6,98	9,00
9,30	7,80	5,31	n.l.	2,32	0,30
12,85	11,35	8,86	2,85	5,87	3,85
10,50	9	6,51	0,50	3,52	1,50

5 *Schreibe „n. l." bei nicht lösbaren Aufgaben.

1 Merke:
- $0{,}1 = \frac{1}{10} = \frac{1}{10}$ $0{,}2 = \frac{2}{10} = \frac{1}{5}$ $0{,}125 = \frac{125}{1000} = \frac{1}{8}$
- $0{,}5 = \frac{5}{10} = \frac{1}{2}$ $0{,}4 = \frac{4}{10} = \frac{2}{5}$ $0{,}3 = \frac{3}{10} = \frac{3}{10}$
- $0{,}25 = \frac{25}{100} = \frac{1}{4}$ $0{,}6 = \frac{6}{10} = \frac{3}{5}$ $0{,}625 = \frac{625}{1000} = \frac{5}{8}$
- $0{,}75 = \frac{75}{100} = \frac{3}{4}$ $0{,}1 = \frac{1}{10} = \frac{1}{10}$ $0{,}9 = \frac{9}{10} = \frac{9}{10}$
- $0{,}8 = \frac{8}{10} = \frac{4}{5}$ $0{,}7 = \frac{7}{10} = \frac{7}{10}$ $0{,}375 = \frac{375}{1000} = \frac{3}{8}$

	Aufgabe:	Bedeutet:	Ich rechne:	Lösung:
2	0,1 · 35	$\frac{1}{10}$ von 35	35 : 10	0,1 · 35 = 3,5
3	0,3 · 150	$\frac{3}{10}$ von 150	150 : 10, dann · 3	0,3 · 150 = 45
4	0,75 · 120	$\frac{3}{4}$ von 120	120 : 4, dann · 3	0,75 · 120 = 90
5	0,2 · 78	$\frac{2}{10}$ / $\frac{1}{5}$ von 78	78 : 10, dann · 2	0,2 · 78 = 15,6
6	0,25 · 160	$\frac{1}{4}$ von 160	160 : 4	0,25 · 160 = 40
7	0,5 · 182	$\frac{1}{2}$ von 182	182 : 2	0,5 · 182 = 91
8	0,1 · 930	$\frac{1}{10}$ von 930	930 : 10	0,1 · 930 = 93
9	0,75 · 84	$\frac{3}{4}$ von 84	84 : 4, dann · 3	0,75 · 84 = 63
10	0,6 · 150	$\frac{6}{10}$ / $\frac{3}{5}$ von 150	150 : 5, dann · 3	0,6 · 150 = 90
11	0,5 · 72	$\frac{1}{2}$ von 72	72 : 2	0,5 · 72 = 36
12	0,25 · 12	$\frac{1}{4}$ von 12	12 : 4	0,25 · 12 = 3
13	0,125 · 80	$\frac{1}{8}$ von 80	80 : 8	0,3 · 150 = 10
14	0,625 · 400	$\frac{5}{8}$ von 400	400 : 8, dann · 5	0,625 · 400 = 250
15	0,375 · 120	$\frac{3}{8}$ von 120	120 : 8, dann · 3	0,375 · 120 = 45

A	C	E	G	H	I	K	L	N	O	P	R	S	T	V	Y	Ä	Ö
0	$\frac{1}{7}$	$\frac{5}{12}$	$\frac{3}{4}$	0,9	$1\frac{1}{4}$	1,5	2,74	7	21	45	102	169	375	548	735	873	1 000

$150 : 100 =$ **1,5** K
$0{,}75 + 1{,}99 =$ **2,74** L
$\frac{5}{18} : \frac{2}{3} =$ **$\frac{5}{12}$** E
$3\frac{1}{2} : \frac{1}{6} =$ **21** O
$0{,}75 \cdot 60 =$ **45** P
$\frac{20}{35} - \frac{4}{7} =$ **0** A
$874 - 499 =$ **375** T
$0{,}25 \cdot 408 =$ **102** R
$\frac{7}{25} \cdot 0 =$ **0** A
$9 \cdot 97 =$ **873** Ä

$3 \cdot 0{,}25 =$ **$0{,}75 = \frac{3}{4}$** G
$73{,}5 \cdot 10 =$ **735** Y
$450 : 10 =$ **45** P
$75 \cdot 5 =$ **375** T
$1\frac{2}{28} + \frac{1}{7} =$ **$\frac{35}{28} = 1\frac{1}{4}$** I
$13^2 =$ **169** S
$\frac{5}{7} : 5 =$ **$\frac{1}{7}$** C
$90 : 100 =$ **0,9** H
$\frac{13}{24} - \frac{1}{8} =$ **$\frac{5}{12}$** E
$0{,}3 \cdot 5 =$ **1,5** K

$250 : \frac{1}{4} =$ **1000** Ö
$84 : 12 =$ **7** N
$1\frac{17}{20} - \frac{3}{5} =$ **$1\frac{1}{4}$** I
$7{,}5 : 10 =$ **$0{,}75 = \frac{3}{4}$** G
$3\frac{1}{8} \cdot \frac{2}{5} =$ **$1\frac{1}{4}$** I
$175 : 25 =$ **7** N
$349 + 199 =$ **548** V
$\frac{1}{28} : \frac{1}{4} =$ **$\frac{1}{7}$** C
$\frac{7}{10} + \frac{2}{10} =$ **$\frac{9}{10} = 0{,}9$** H
$6 \cdot 17 =$ **102** R

K L E O P A T R A war eine berühmte Ä G Y P T I S C H E K Ö N I G I N, die von 69 bis 30 V. C H R., also vor über 2 000 Jahren lebte.

1

·	10	20	100	1 000
36,50	365,00	730	3 650	36 500
125,75	1 257,5	2 515	12 575	125 750
0,16	1,6	3,2	16	160

2

:	1	10	100	1 000
195,20	195,20	19,52	1,952	0,1952
61 325,65	61 325,65	6 132,565	613,2565	61,32565
8 576,99	8 576,99	857,699	85,7699	8,57699

3
$0{,}5 \cdot 360 =$ **180**
$0{,}1 \cdot 135 =$ **13,5**
$0{,}7 \cdot 500 =$ **350**

4
$0{,}25 \cdot 240 =$ **60**
$0{,}75 \cdot 400 =$ **300**
$0{,}30 \cdot 170 =$ **51**

5
$0{,}8 \cdot 76 =$ **60,8**
$0{,}2 \cdot 45 =$ **9**
$0{,}5 \cdot 11 =$ **5,5**

Rechne so weit du kannst. Fertig, los!

6
$1{,}99 \cdot 20 =$ **39,8**
$2{,}99 \cdot 18 =$ **53,82**
$3{,}99 \cdot 16 =$ **63,84**
$4{,}99 \cdot 14 =$ **69,86**
$5{,}99 \cdot 12 =$ **71,88**
$6{,}99 \cdot 10 = 69{,}9$
$7{,}99 \cdot 8 = 63{,}92$
$8{,}99 \cdot 6 = 53{,}94$
$9{,}99 \cdot 4 = 39{,}96$
$10{,}99 \cdot 2 = 21{,}98$

7
$1 + \frac{1}{2} =$ **$1\frac{1}{2}$**
$1\frac{1}{4} + \frac{1}{3} =$ **$\frac{19}{12} = 1\frac{7}{12}$**
$1\frac{1}{2} + \frac{1}{4} =$ **$\frac{7}{4} = 1\frac{3}{4}$**
$1\frac{3}{4} + \frac{1}{5} =$ **$\frac{39}{20} = 1\frac{19}{20}$**
$2 + \frac{1}{6} =$ **$\frac{13}{6} = 2\frac{1}{6}$**
$2\frac{1}{4} + \frac{1}{7} = \frac{63+4}{28} = \frac{67}{28} = 2\frac{11}{28}$
$2\frac{1}{2} + \frac{1}{8} = \frac{21}{8} = 2\frac{5}{8}$
$2\frac{3}{4} + \frac{1}{9} = \frac{103}{36} = 2\frac{31}{36}$
$3 + \frac{1}{10} = 3\frac{1}{10}$
$3\frac{1}{4} + \frac{1}{11} = \frac{147}{44} = 3\frac{15}{44}$

8
$0{,}0 \cdot 1\,000 =$ **0**
$0{,}1 \cdot 950 =$ **95**
$0{,}2 \cdot 900 =$ **180**
$0{,}3 \cdot 850 =$ **255**
$0{,}4 \cdot 800 = 320$
$0{,}5 \cdot 750 = 375$
$0{,}6 \cdot 700 = 420$
$0{,}7 \cdot 650 = 455$
$0{,}8 \cdot 600 = 480$
$0{,}9 \cdot 550 = 495$

Mathe-fit-Test 4

1
$\frac{1}{2} =$ **0,5** $\frac{1}{8} =$ **0,125** $\frac{3}{4} =$ **0,75** $\frac{1}{5} =$ **0,2**
$\frac{1}{4} =$ **0,25** $\frac{5}{8} =$ **0,625** $\frac{7}{10} =$ **0,7** $\frac{3}{5} =$ **0,6**

2
$6{,}50 + 2{,}50 =$ **9,00**
$2{,}75 + 3{,}99 =$ **6,74**
$3{,}80 + 1{,}60 =$ **5,40**
$8{,}20 - 2{,}70 =$ **5,50**
$5{,}38 - 3{,}99 =$ **1,39**
$6{,}10 - 1{,}50 =$ **4,60**
$7{,}99 \cdot 4 =$ **31,96**
$3{,}50 \cdot 8 =$ **28**
$2{,}98 \cdot 6 =$ **17,88**

3
$0{,}4 = \frac{4}{10}\ \frac{2}{5}$ (4 und 10 durchgestrichen)
$0{,}25 = \frac{25}{100}\ \frac{1}{4}$ (25 und 100 durchgestrichen)
$0{,}375 = \frac{375}{1000}\ \frac{3}{8}$ (375 und 1000 durchgestrichen)
$0{,}625 = \frac{625}{1000}\ \frac{5}{8}$ (625 und 1000 durchgestrichen)
$0{,}9 = \frac{9}{10}$
$0{,}75 = \frac{75}{100}\ \frac{3}{4}$ (75 und 100 durchgestrichen)

4
$0{,}73 \cdot 100 =$ **73**
$4{,}08 \cdot 10 =$ **40,8**
$0{,}50 \cdot 200 =$ **100**
$17{,}50 : 10 =$ **1,75**
$6{,}99 : 10 =$ **0,699**
$20{,}36 : 10 =$ **4,072**
$866{,}40 : 100 =$ **8,644**
$40{,}38 : 200 =$ **0,2019**
$190{,}99 : 100 =$ **1,9099**

5
$\frac{1}{2} + \frac{1}{6} = \frac{3+1}{6} + \frac{4}{6} = \frac{2}{3}$
$\frac{1}{4} + \frac{3}{8} = \frac{2+3}{8} = \frac{5}{8}$
$\frac{3}{5} - \frac{1}{8} = \frac{24-5}{40} = \frac{19}{40}$
$\frac{5}{6} - \frac{1}{7} = \frac{35-6}{42} = \frac{29}{42}$
$\frac{4}{5} \cdot \frac{3}{4} = \frac{4^1}{5} \cdot \frac{3}{4_1} = \frac{3}{5}$
$\frac{1}{2} \cdot \frac{3}{7} = \frac{3}{14}$
$\frac{5}{9} \cdot \frac{1}{8} = \frac{5}{72}$
$\frac{1}{4} \cdot \frac{1}{12} = \frac{1}{48}$
$\frac{5}{13} : \frac{2}{7} = \frac{35}{26} = 1\frac{9}{26}$
$\frac{1}{4} : \frac{3}{9} = \frac{9}{12} = \frac{3}{4}$
$\frac{7}{12} : \frac{3}{8} = \frac{14}{9} = 1\frac{5}{9}$
$\frac{6}{10} : 4 = \frac{6}{40} = \frac{3}{20}$

6
$0{,}5 \cdot 86 =$ **43**
$0{,}1 \cdot 94 =$ **9,4**
$0{,}3 \cdot 40 =$ **12**
$0{,}25 \cdot 180 =$ **45**
$0{,}8 \cdot 320 =$ **256**
$0{,}75 \cdot 800 =$ **600**
$0{,}125 \cdot 96 =$ **12**
$0{,}625 \cdot 72 =$ **45**
$0{,}875 \cdot 16 =$ **14**

Du hast ☐ Aufgaben richtig gelöst.

1

Aufgabe:	Ich rechne:
$3 \cdot 1{,}7 = 5{,}1$	$3 \cdot 17 = 51$, dann Komma (1 Stelle!) 5,1
$18 \cdot 0{,}4 = 7{,}2$	$18 \cdot 4 = 72$, dann Komma (1 Stelle!) 7,2
$19 \cdot 0{,}05 = 0{,}95$	$19 \cdot 5 = 95$, dann Komma (2 Stellen!) 0,95
$1{,}4 \cdot 0{,}7 = 0{,}98$	$14 \cdot 7 = 98$, dann Komma (2 Stellen!) 0,98
$6 \cdot 1{,}3 = 7{,}8$	$6 \cdot 13 = 78$, dann Komma (1 Stelle!) 7,8
$15 \cdot 0{,}5 = 7{,}5$	$15 \cdot 5 = 75$, dann Komma (1 Stelle!) 7,5
$12 \cdot 0{,}08 = 0{,}96$	$12 \cdot 8 = 96$, dann Komma (2 Stellen!) 0,96
$1{,}8 \cdot 0{,}6 = 1{,}08$	$18 \cdot 6 = 108$, dann Komma (2 Stellen!) 1,08

2
$5 \cdot 1{,}7 =$ **8,5**
$9 \cdot 1{,}7 =$ **15,3**
$3 \cdot 1{,}9 =$ **5,7**
$7 \cdot 1{,}9 =$ **13,3**
$6 \cdot 1{,}2 =$ **7,2**
$9 \cdot 1{,}2 =$ **10,8**

3
$12 \cdot 0{,}06 =$ **0,72**
$14 \cdot 0{,}08 =$ **1,12**
$18 \cdot 0{,}07 =$ **1,26**
$13 \cdot 0{,}04 =$ **0,52**
$16 \cdot 0{,}07 =$ **1,12**
$19 \cdot 0{,}08 =$ **1,52**

4
$1{,}3 \cdot 0{,}9 =$ **1,17**
$1{,}5 \cdot 0{,}8 =$ **1,2**
$1{,}7 \cdot 0{,}7 =$ **1,19**
$1{,}6 \cdot 0{,}4 =$ **0,64**
$1{,}4 \cdot 0{,}3 =$ **0,42**
$1{,}8 \cdot 0{,}9 =$ **1,62**

5
$3{,}5 + 0{,}75 + 1{,}75 =$ **6**
$0{,}5 + 2{,}25 + 0{,}75 =$ **3,5**
$4{,}75 + 3{,}20 + 0{,}25 =$ **8,2**
$0{,}60 + 1{,}80 + 2{,}50 =$ **4,9**

6
$7{,}10 + 3{,}75 + 2{,}90 =$ **13,75**
$0{,}60 + 1{,}30 + 4{,}20 =$ **6,1**
$1{,}99 + 0{,}99 + 3{,}99 =$ **6,97**
$2{,}50 + 0{,}25 + 1{,}99 =$ **4,74**

7

Zahl x	50	160	70	180	900	1 000
$\frac{1}{4}$x	$12\frac{1}{2}$	40	$17\frac{1}{2}$	45	225	250
$\frac{3}{4}$x	$37\frac{1}{2}$	120	$52\frac{1}{2}$	135	675	750
$\frac{1}{2}$x	25	80	35	90	450	500

1

Aufgabe:	Ich rechne:
19 · 0,007 = 0,133	19 · 7 = 133, dann Komma (3 Stellen!) 0,133
2,7 · 5 = 13,5	27 · 5 = 135, dann Komma (1 Stelle!) 13,5
0,6 · 1,07 = 0,642	6 · 107 = 642, dann Komma (3 Stellen!) 0,642
0,04 · 37 = 1,48	4 · 37 = 148, dann Komma (2 Stellen!) 1,48

2
13 · 0,007 = 0,091
15 · 0,009 = 0,135
17 · 0,004 = 0,068
12 · 0,008 = 0,096
16 · 0,005 = 0,080
14 · 0,006 = 0,084

3
2,8 · 3 = 8,4
3,2 · 6 = 19,2
2,8 · 5 = 14
3,4 · 2 = 6,8
2,8 · 4 = 11,2
5,1 · 7 = 35,7

4
0,3 · 1,08 = 0,324
0,4 · 1,12 = 0,448
0,9 · 1,07 = 0,963
0,6 · 1,13 = 0,678
0,2 · 2,35 = 0,470
0,3 · 3,23 = 0,969

5
370 + 236 = 606
436 + 199 = 635
740 + 153 = 893

6
890 – 340 = 550
635 – 250 = 385
768 – 499 = 269

7
1 000 – 480 = 520
1 000 – 899 = 101
1 000 – 528 = 472

8
15^2 = 225 14^2 = 196 13^2 = 169 2^6 = 64
12^2 = 144 11^2 = 121 10^3 = 1000 5^3 = 125

Löse mithilfe der Umkehraufgabe.

9
$2\frac{5}{8} - \frac{3}{8} = 2\frac{1}{4}$ K: $2\frac{1}{4} + \frac{3}{8} = \frac{18+3}{8} = \frac{21}{8} = 2\frac{5}{8}$
$102 : 17 = 6$ K: $6 \cdot 17 = 102$
$\frac{7}{12} + \frac{3}{4} = 1\frac{1}{3}$ K: $1\frac{1}{3} - \frac{3}{4} = \frac{4}{3} - \frac{3}{4} = \frac{16-9}{12} = \frac{7}{12}$
$157 - 63 = 94$ K: $94 + 63 = 157$
$1\frac{1}{2} \cdot \frac{5}{6} = 1\frac{1}{4}$ K: $1\frac{1}{4} : \frac{5}{6} = \frac{\cancel{5}^1}{4} \cdot \frac{6}{\cancel{5}_1} = \frac{6}{4} = 1\frac{2}{4} = 1\frac{1}{2}$
$27 + 99 = 126$ K: $126 - 99 = 27$
$3\frac{1}{3} : \frac{2}{3} = 5$ K: $5 \cdot \frac{2}{3} = \frac{5 \cdot 2}{3} = \frac{10}{3} = 3\frac{1}{3}$

a) $1 : 4 = \frac{1}{4} = \frac{25}{100} = 0{,}25$ b) $1 : 25 = \frac{1}{25} = \frac{4}{100} = 0{,}04$

Schreibe und rechne wie in den Beispielen.

1
$1 : 5 = \frac{1}{5} = \frac{2}{10} = 0{,}2$
$1 : 20 = \frac{1}{20} = \frac{5}{100} = 0{,}05$
$3 : 4 = \frac{3}{4} = \frac{75}{100} = 0{,}75$
$6 : 25 = \frac{6}{25} = \frac{24}{100} = 0{,}24$
$1 : 2 = \frac{1}{2} = \frac{5}{10} = 0{,}5$
$1 : 8 = \frac{1}{8} = \frac{125}{1000} = 0{,}125$
$4 : 5 = \frac{4}{5} = \frac{8}{10} = 0{,}8$
$7 : 20 = \frac{7}{20} = \frac{35}{100} = 0{,}35$

2*
$3 : 5 = \frac{3}{5} = \frac{6}{10} = 0{,}6$
$1 : 50 = \frac{1}{50} = \frac{2}{100} = 0{,}02$
$7 : 10 = \frac{7}{10} = 0{,}7$
$1 : 100 = \frac{1}{100} = 0{,}01$
3 : 0 = n. l.
$33 : 100 = \frac{33}{100} = 0{,}33$
$9 : 25 = \frac{9}{25} = \frac{36}{100} = 0{,}36$
$7 : 50 = \frac{7}{50} = \frac{14}{100} = 0{,}14$

3
4,50 € · 4 = 18,00 €
3,99 € · 6 = 23,94 €
6,20 € · 3 = 18,60 €
0,99 € · 8 = 7,92 €
7,15 € · 2 = 14,30 €
9,98 € · 5 = 49,90 €

4
9,00 € – 2,50 € – 2,50 € = 4,00 €
10,50 € – 1,25 € – 0,75 € = 8,50 €
8,00 € – 2,99 € – 1,99 € = 3,02 €
3,80 € + 1,50 € + 6,20 € = 11,50 €
5,50 € + 3,99 € + 1,99 € = 11,48 €
7,00 € + 8,50 € + 0,99 € = 16,49 €

5

·	0,36	2,8	25	1,5	0,17
3	1,08	8,4	75	4,5	0,51
0,7	0,252	1,96	17,5	1,05	0,119
10	3,6	28	250	15	1,7
0,04	0,0144	0,112	1,00	0,06	0,0068
6	2,16	16,8	150	9	1,02
0,5	0,18	1,4	12,5	0,75	0,085

2 *Schreibe „n. l." bei nicht lösbaren Aufgaben.

1 Merke:
3,5 = $3\frac{1}{2}$ 0,5 = $\frac{1}{2}$ 2,25 = $2\frac{1}{4}$
0,25 = $\frac{1}{4}$ 0,75 = $\frac{3}{4}$ 1,75 = $1\frac{3}{4}$
2,1 = $2\frac{1}{10}$ 0,08 = $\frac{8}{100}$ 3,5 = $3\frac{1}{2}$
0,125 = $\frac{1}{8}$ 0,375 = $\frac{3}{8}$ 0,625 = $\frac{5}{8}$

2

Aufgabe:	Ich rechne:
3,5 · 230 = 805	$3 \cdot 230 = 690$ / $\frac{1}{2}$ von $230 = 115$ / $690 + 115$
2,25 · 1,60 = 3,60	$2 \cdot 1{,}60 = 3{,}20$ / $\frac{1}{4}$ von $1{,}60 = 0{,}40$ / $3{,}20 + 0{,}40$
0,375 · 320 = 120	$\frac{3}{8}$ von 320 / $\frac{1}{8}$ von $320 = 40$ / $3 \cdot 40 = 120$
0,07 · 80 = 5,6	$\frac{7}{100}$ von 80 / $\frac{1}{100}$ von $80 = 0{,}8$ / $7 \cdot 0{,}8 = 5{,}6$
120 · 0,75 = 90	$\frac{3}{4}$ von 120 / $\frac{1}{4}$ von $120 = 30$ / $3 \cdot 30 = 90$

3
1,125 · 80 = 90
0,09 · 170 = 15,3
0,25 · 12 = 3
14 · 4,50 = 63
350 · 0,03 = 10,50

4
0,625 · 24 = 15
50 · 0,04 = 2
20 · 2,75 = 55
3,2 · 40 = 128
420 · 0,5 = 210

5
43 · 0,7 = 30,1
52 · 0,07 = 3,64
0,75 · 64 = 48
96 · 1,50 = 144
0,25 · 360 = 90

6
735 – 299 = 436
850 – 623 = 227

7
256 + 199 = 455
388 + 220 = 608

8
930 – 799 = 131
670 – 180 = 490

9

+	$\frac{1}{2}$	$\frac{1}{4}$	$\frac{1}{5}$
$\frac{3}{4}$	$\frac{3+2}{4} = \frac{5}{4} = 1\frac{1}{4}$	$\frac{3+1}{4} = 1$	$\frac{15+4}{20} = \frac{19}{20}$
$\frac{2}{5}$	$\frac{4+5}{10} = \frac{9}{10}$	$\frac{8+5}{20} = \frac{13}{20}$	$\frac{2+1}{5} = \frac{3}{5}$

10

–	$\frac{1}{2}$	$\frac{1}{3}$	$\frac{1}{5}$
$\frac{3}{4}$	$\frac{3-2}{4} = \frac{1}{4}$	$\frac{9-4}{12} = \frac{5}{12}$	$\frac{15-4}{20} = \frac{11}{20}$
$\frac{4}{5}$	$\frac{8-5}{10} = \frac{3}{10}$	$\frac{12-5}{15} = \frac{7}{15}$	$\frac{4-1}{5} = \frac{3}{5}$

1

Aufgabe:	Ich rechne:
3,20 : 4 = 0,80	32 : 4 = 8, dann ist 3,20 : 4 = 0,80
1,80 : 20 = 0,09	180 : 20 = 9, dann ist 1,80 : 20 = 0,09
1,60 : 8 = 0,20	16 : 8 = 2, dann ist 1,60 : 8 = 0,20
7,60 : 19 = 0,40	76 : 19 = 4, dann ist 7,60 : 19 = 0,40

2
1,80 : 3 = 0,60
2,40 : 8 = 0,30
3,20 : 8 = 0,40
7,20 : 9 = 0,80
6,40 : 8 = 0,80
2,70 : 3 = 0,90

3
1,40 : 20 = 0,07
1,20 : 30 = 0,04
1,50 : 50 = 0,03
2,40 : 80 = 0,03
0,60 : 20 = 0,03
3,60 : 40 = 0,09

4
7,20 : 12 = 0,6
13,50 : 15 = 0,9
9,80 : 14 = 0,7
10,80 : 18 = 0,6
9,10 : 13 = 0,7
7,50 : 15 = 0,5

Rechentrick für (·) mal

Beispiel: schwer: 14 · 19 =
leicht: 19 · 14 = 266

Ich rechne:
20 · 14 = 280,
dann – 14.

5
13 · 19 = 247
15 · 19 = 285
17 · 19 = 323
18 · 19 = 342

6
19 · 12 = 228
19 · 20 = 380
19 · 16 = 304
19 · 11 = 209

7
25 · 19 = 475
34 · 19 = 646
26 · 19 = 494
35 · 19 = 665

8

·	$\frac{1}{2}$	$\frac{1}{4}$	$\frac{1}{5}$
$\frac{3}{4}$	$\frac{3}{8}$	$\frac{3}{16}$	$\frac{3}{20}$

9

:	$\frac{1}{2}$	$\frac{1}{4}$	$\frac{1}{5}$
$\frac{3}{4}$	$\frac{3}{\cancel{4}_2} \cdot \frac{\cancel{2}^1}{1} = \frac{3}{2}$	$\frac{3}{\cancel{4}_1} \cdot \frac{\cancel{4}^1}{1} = 3$	$\frac{3}{4} \cdot \frac{5}{1} = \frac{15}{4} = 3\frac{3}{4}$

1

Aufgabe:	Ich rechne:	Ich kontrolliere:
1,8 : 0,3 = 6 ✓	18 : 3 = 6	6 · 0,3 = 1,8
36 : 0,04 = 900	3600 : 4 = 900	900 · 0,04 = 36,00
1,6 : 0,08 = 20	160 : 8 = 20	20 · 0,08 = 1,60
27 : 0,9 = 30	270 : 9 = 30	30 · 0,9 = 27
0,6 : 0,03 = 20	60 : 3 = 20	20 · 0,03 = 0,6

Erweitere wie in den Beispielen. Kontrolliere mit der Umkehraufgabe.

2
- 1,8 : 0,2 = 9 K: 9 · 0,2 = 1,8
- 3,5 : 0,7 = 5 K: 5 · 0,7 = 3,5
- 0,8 : 0,04 = 20 K: 20 · 0,04 = 0,8
- 2,4 : 0,6 = 4 K: 4 · 0,6 = 2,4
- 0,08 : 0,02 = 4 K: 4 · 0,02 = 0,08
- 35 : 0,7 = 50 K: 50 · 0,7 = 35
- 0,6 : 0,02 = 30 K: 30 · 0,02 = 0,6
- 2,7 : 0,9 = 3 K: 3 · 0,9 = 2,7
- 0,04 : 0,02 = 2 K: 2 · 0,02 = 0,04
- 56 : 0,8 = 70 K: 70 · 0,8 = 56
- 4,9 : 0,07 = 70 K: 70 · 0,07 = 4,9
- 5,08 : 0,1 = 50,8 K: 50,8 · 0,1 = 5,08
- 6,3 : 0,09 = 70 K: 70 · 0,09 = 6,3
- 5,5 : 0,5 = 11 K: 11 · 0,5 = 5,5
- 48 : 0,06 = 800 K: 800 · 0,06 = 48

3
- 6 000 : 300 = 20
- 6 000 : 20 = 300
- 8 000 : 400 = 20
- 4 000 : 200 = 20

4
- 32 000 : 4 000 = 8
- 1 800 : 600 = 3
- 24 000 : 8 000 = 3
- 72 000 : 900 = 80

5
- 240 : 60 = 4
- 1 800 : 90 = 20
- 580 : 20 = 29
- 6 400 : 80 = 80

1
- 7,2 : 1,2 = 6 K: 6 · 1,2 = 7,2
- 4,8 : 1,2 = 4 K: 4 · 1,2 = 4,8
- 6,0 : 1,2 = 5 K: 5 · 1,2 = 6,0
- 9,1 : 1,3 = 7 K: 7 · 1,3 = 9,1
- 3,9 : 1,3 = 3 K: 3 · 1,3 = 3,9
- 12,6 : 1,4 = 9 K: 9 · 1,4 = 12,6
- 7,0 : 1,4 = 5 K: 5 · 1,4 = 7,0

2
- 1,25 : 0,25 = 5 K: 5 · 0,25 = 1,25
- 0,75 : 0,25 = 3 K: 3 · 0,25 = 0,75
- 2,00 : 0,25 = 8 K: 8 · 0,25 = 2,0
- 1,50 : 0,25 = 6 K: 6 · 0,25 = 1,50
- 2,25 : 0,25 = 9 K: 9 · 0,25 = 2,25
- 1,75 : 0,25 = 7 K: 7 · 0,25 = 1,75
- 2,50 : 0,25 = 10 K: 10 · 0,25 = 2,50

3

:	10
12,50	1,25
36	3,6
0,75	0,075
7,99	0,799
12,50	1,25
138	13,8
0,17	0,017

4

:	100
163,55	1,6355
17,20	0,172
5,99	0,0599
750,85	7,5085
83,10	0,831
210,99	2,1099
99,54	0,9954

5 $3\frac{1}{2} : \frac{3}{5} = \frac{7}{2} \cdot \frac{5}{3} = \frac{35}{6} = 5\frac{5}{6}$ K: $5\frac{5}{6} \cdot \frac{3}{5} = \frac{35^{7}}{6_{2}} \cdot \frac{3^{1}}{5_{1}} = \frac{7}{2} = 3\frac{1}{2}$

6 $2\frac{1}{4} : 1\frac{1}{2} = \frac{9^{3}}{4_{2}} \cdot \frac{2^{1}}{3_{1}} = \frac{3}{2} = 1\frac{1}{2}$ K: $1\frac{1}{2} \cdot 1\frac{1}{2} = \frac{3}{2} \cdot \frac{3}{2} = \frac{9}{4} = 2\frac{1}{4}$

7 $4\frac{1}{3} : \frac{1}{4} = \frac{13}{3} \cdot \frac{4}{1} = \frac{52}{3} = 17\frac{1}{3}$ K: $17\frac{1}{3} \cdot \frac{1}{4} = \frac{52^{13}}{3} \cdot \frac{1}{4_{1}} = \frac{13}{3} = 4\frac{1}{3}$

8 $5\frac{3}{4} : 1\frac{2}{3} = \frac{23}{4} \cdot \frac{3}{5} = \frac{69}{20} = 3\frac{9}{20}$ K: $3\frac{9}{20} \cdot 1\frac{2}{3} = \frac{69^{23}}{20_{4}} \cdot \frac{5^{1}}{3_{1}} = \frac{23}{4} = 5\frac{3}{4}$

9

−	80	55	199	0
250	170	195	51	250
335	255	280	136	335
920	840	865	721	920

10

+	66	125	299
384	450	509	683
595	661	720	894
360	426	485	659

A	C	E	G	H	I	K	L	M	N	O	R	S	T	U	W
0	$\frac{1}{1000}$	0,05	$\frac{1}{16}$	0,5	0,75	1	1,75	2,4	3,2	8	90	126	437	750	999

$\frac{5}{7} - \frac{45}{63} =$	0	A	$7 \cdot 18 =$	125	S	$1000 \cdot 0,75 =$	750	U
$\frac{7}{16} - \frac{3}{8} =$	$\frac{1}{16}$	G	$238 + 199 =$	437	T	$8,74 : 0,02 =$	437	T
$3^5 - 243 =$	0	A	$3\frac{3}{4} : 5 =$	0,75	I	$7,2 : 0,9 =$	8	O
$19 \cdot 23 =$	437	T	$0,025 \cdot 2 =$	0,05	E	$36 : 0,4 =$	90	R
$50 : 100 =$	0,5	H	$\frac{7}{7} \cdot \frac{11}{11} =$	1	K	$3,50 - 2,75 =$	0,75	I
$\frac{9}{16} \cdot \frac{0}{70} =$	0	A	$0,75 \cdot 120 =$	90	R	$12,8 \cdot 0,25 =$	3,2	N
$0,01 \cdot 0,1 =$	$\frac{1}{1000}$	C	$\frac{3}{32} : \frac{1}{8} =$	0,75	I	$9990 : 10 =$	999	W
$\frac{15}{18} - \frac{3}{9} =$	0,5	H	$8 \cdot 0,3 =$	2,4	M	$\frac{69}{100} - \frac{16}{25} =$	0,05	E
$589 - 499 =$	90	R	$0,125 \cdot 6 =$	0,75	I	$4,74 - 2,99 =$	1,75	L
$1,50 : 2 =$	0,75	I	$\frac{324}{4} - 9^2 =$	0	A	$4,37 \cdot 100 =$	437	T

AGATHA CHRISTIE ist die meistgelesene KRIMI-AUTORIN der WELT.

1 Merke:
$0,5 = \frac{1}{2}$ $0,25 = \frac{1}{4}$ $0,75 = \frac{3}{4}$ $0,125 = \frac{1}{8}$

2
- 0,5 · 420 = 210
- 0,1 · 633 = 63,3
- 0,25 · 3,6 = 0,9

3
- 0,75 · 4,0 = 3
- 0,5 · 760 = 380
- 0,25 · 72 = 18

4
- 0,125 · 640 = 80
- 0,625 · 56 = 35
- 0,375 · 320 = 120

5
- 5 · 1,6 = 8
- 7 · 0,08 = 0,56
- 1,7 · 0,3 = 0,51

6
- 14 · 0,003 = 0,042
- 19 · 0,06 = 1,14
- 17 · 0,004 = 0,068

7
- 0,8 · 1,04 = 0,832
- 0,1 · 5,98 = 0,598
- 0,3 · 2,05 = 0,615

8
- 4,50 : 9 = 0,5
- 6,30 : 7 = 0,9
- 0,72 : 8 = 0,09

9
- 10,5 : 1,5 = 7
- 0,9 : 0,03 = 30
- 8,4 : 1,4 = 6

10*
- 2,7 : 0,09 = 30
- 24 : 0,00 = n. l.
- 22,5 : 2,5 = 9

Rechne so weit du kannst. Fertig, los!

11
- 80 · 0,75 = 60
- 160 · 0,75 = 120
- 240 · 0,75 = 180
- 320 · 0,75 = 240
- 400 · 0,75 = 300
- 480 · 0,75 = 360
- 560 · 0,75 = 420
- 640 · 0,75 = 480
- 720 · 0,75 = 540
- 800 · 0,75 = 600

12
- $\frac{1}{20} + \frac{1}{10} = \frac{1+2}{20} = \frac{3}{20}$
- $\frac{2}{18} + \frac{1}{9} = \frac{2+2}{18} = \frac{4}{18} = \frac{2}{9}$
- $\frac{3}{16} + \frac{1}{8} = \frac{3+2}{16} = \frac{5}{16}$
- $\frac{4}{14} + \frac{1}{7} = \frac{4+2}{14} = \frac{6}{14} = \frac{3}{7}$
- $\frac{5}{12} + \frac{1}{6} = \frac{5+2}{12} = \frac{7}{12}$
- $\frac{6}{10} + \frac{1}{5} = \frac{6+2}{10} = \frac{8}{10} = \frac{4}{5}$
- $\frac{7}{8} + \frac{1}{4} = \frac{7+2}{8} = \frac{9}{8} = 1\frac{1}{8}$
- $\frac{8}{6} + \frac{1}{3} = \frac{8+2}{6} = \frac{10}{6} = 1\frac{2}{3}$
- $\frac{9}{4} + \frac{1}{2} = \frac{9+2}{4} = \frac{11}{4} = 2\frac{3}{4}$
- $\frac{10}{2} + \frac{1}{1} = \frac{10+2}{2} = \frac{12}{2} = 6$

13
- 0,25 : 0,05 = 5
- 0,36 : 0,06 = 6
- 0,49 : 0,07 = 7
- 0,64 : 0,08 = 8
- 0,81 : 0,09 = 9
- 1,00 : 0,10 = 10
- 1,21 : 0,11 = 11
- 1,44 : 0,12 = 12
- 1,69 : 0,13 = 13
- 1,96 : 0,14 = 14

10 *Schreibe „n. l.“ bei nicht lösbaren Aufgaben.

Mathe-fit-Test 5

1
$\frac{5}{8}+\frac{1}{3}=\frac{18+8}{24}=\frac{23}{24}$ | $\frac{4}{25}+\frac{3}{5}=\frac{4+15}{25}=\frac{19}{25}$ | $2\frac{1}{2}+\frac{3}{4}=\frac{5}{2}+\frac{3}{4}=\frac{13}{4}=3\frac{1}{4}$

$1\frac{1}{4}-\frac{1}{2}=\frac{5-2}{4}=\frac{3}{4}$ | $\frac{5}{6}-\frac{2}{3}=\frac{5-4}{6}=\frac{1}{6}$ | $\frac{7}{8}-\frac{5}{6}=\frac{21-20}{24}=\frac{1}{24}$

2
22 · 19 = 418 | 19 · 27 = 513 | 6 · 29 = 174
15 · 19 = 285 | 19 · 32 = 608 | 3 · 39 = 117

3
4 · 1,8 = 7,2 | 0,006 · 18 = 0,108 | 0,08 · 0,9 = 0,072
15 · 0,03 = 0,45 | 1,06 · 0,8 = 0,848 | 1,25 · 0,5 = 0,625
8 · 0,7 = 5,6 | 2,5 · 1,1 = 2,75 | 3,9 · 0,02 = 0,078

4
6,50 + 1,99 + 3,25 = 11,74 | 10,00 – 3,99 – 1,99 = 4,02
2,80 + 4,05 + 0,99 = 7,84 | 9,50 – 2,50 – 5,00 = 2,00

5
$\frac{3}{8}\cdot\frac{3}{4}=\frac{9}{32}$ | $\frac{7}{9}\cdot\frac{5}{6}=\frac{35}{54}$ | $\frac{9}{25}\cdot\frac{4}{5}=\frac{36}{125}$

$\frac{1}{5}:\frac{2}{3}=\frac{1}{5}\cdot\frac{3}{2}=\frac{3}{10}$ | $\frac{3}{7}:\frac{2}{5}=\frac{3}{7}\cdot\frac{5}{2}=\frac{15}{14}=1\frac{1}{14}$ | $1\frac{1}{4}:\frac{1}{2}=\frac{5}{\not{4}_2}\cdot\frac{\not{2}^1}{1}=\frac{5}{2}=2\frac{1}{2}$

6
5,99 · 4 = 23,96 | 12,50 · 4 = 50 | 7,99 · 100 = 799
2,25 · 3 = 6,75 | 13,99 · 5 = 69,95 | 18,75 · 10 = 187,5

7
2,70 : 90 = 0,03 | 1,6 : 0,2 = 8 | 2,1 : 0,07 = 30
4,20 : 7 = 0,6 | 56 : 0,8 = 70 | 0,6 : 0,01 = 60
7,20 : 12 = 0,6 | 0,8 : 0,4 = 2 | 0,72 : 0,08 = 9
5,40 : 6 = 0,9 | 3,5 : 0,5 = 7 | 2,00 : 0,25 = 8
6,40 : 80 = 0,08 | 9,0 : 1,5 = 6 | 680 : 0,02 = 34 000

Du hast ☐ Aufgaben richtig gelöst.

1
60 · 27 = 1620
120/42/1620
30 · 57 = 1710
150/21/1710
50 · 63 = 3150
300/15/3150

2
38 · 40 = 1520
120/32/1520
75 · 30 = 2250
210/15/2250
46 · 80 = 3680
320/48/3680

3
50 · 94 = 4700
450/20/4700
85 · 70 = 5950
560/35/5950
20 · 98 = 1960
180/16/1960

4
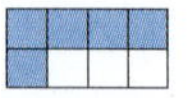
$\frac{5}{8}=0{,}625$

5
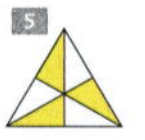
$\frac{3}{6}=\frac{1}{2}=0{,}5$

6

$\frac{4}{10}=0{,}4$

7
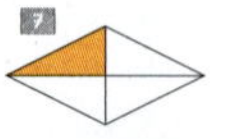
$\frac{1}{4}=0{,}25$

8
6,83 – 2,99 = 3,84
5,70 + 3,40 = 9,10
7,17 – 3,10 = 4,07
3,85 + 1,99 = 5,84

9
9,35 : 10 = 0,935
0,99 : 10 = 0,099
1,17 · 10 = 11,7
0,82 · 10 = 8,2

10
6,99 · 5 = 34,95
3,80 · 4 = 15,20
2,99 · 7 = 20,93
8,12 · 3 = 24,36

11

·	5	7	20	3	8	16	50
12	60	84	240	36	96	192	600
25	125	175	500	75	200	400	1250
15	75	105	300	45	120	240	750
75	375	525	1500	225	600	1200	3750

12
0,08 · 40 = 3,2
0,25 · 80 = 20

13
3,6 · 60 = 216
1,5 · 46 = 69

14
30 · 0,04 = 1,2
0,75 · 52 = 39

1 19 · 16 = 304
320/304
18 · 19 = 342
360/342

2 19 · 23 = 437
460/437
24 · 19 = 456
480/456

3 42 · 19 = 798
840/798
19 · 36 = 684
720/684

4
$\frac{5}{7}=\frac{45}{63}$
$\frac{35}{63}=\frac{5}{9}$

5
$\frac{3}{8}=\frac{21}{56}$
$\frac{72}{100}=\frac{18}{25}$

6
$\frac{12}{15}=\frac{72}{90}$
$\frac{45}{60}=\frac{3}{4}$

7
$\frac{7}{25}=\frac{42}{150}$
$\frac{64}{68}=\frac{16}{17}$

8
9,70 – 4,99 = 4,71
7,50 – 3,60 = 3,90
3,25 + 6,40 = 6,95
1,98 + 5,76 = 7,74

9
7,99 · 4 = 31,96
5,60 · 8 = 44,8
2,98 · 7 = 20,86
9,30 · 9 = 83,7

10
17,96 : 10 = 1,796
24,80 : 20 = 1,24
50,33 : 10 = 5,033
68,24 : 20 = 3,412

11 $\frac{3}{7}+\frac{15}{14}=1\frac{1}{2}$ K: $1\frac{1}{2}-\frac{15}{14}=\frac{3}{2}-\frac{15}{14}=\frac{21}{14}-\frac{15}{14}=\frac{6}{14}=\frac{3}{7}$

12 $\frac{6}{5}+\frac{5}{12}=1\frac{1}{4}$ K: $1\frac{1}{4}-\frac{5}{12}=\frac{15}{12}-\frac{5}{12}=\frac{10}{12}=\frac{5}{6}$

13 $\frac{1}{3}+\frac{19}{15}=1\frac{3}{5}$ K: $1\frac{3}{5}-\frac{19}{15}=\frac{24}{15}-\frac{19}{15}=\frac{5}{15}=\frac{1}{3}$

14 $\frac{4}{9}+\frac{11}{9}=1\frac{2}{3}$ K: $1\frac{2}{3}-\frac{11}{9}=\frac{15}{9}-\frac{11}{9}=\frac{4}{9}$

15

·	1,80	160	0,6	34	6,30	1 500	0,05
0,5	0,9	80	0,3	17	3,15	750	0,025
1,5	2,7	240	0,9	51	9,45	2 250	0,075
0,2	0,36	32	0,12	6,8	1,26	300	0,01

1
42 : 0,1 = 420
2,40 : 80 = 0,03
57 : 0,01 = 5700
2,70 : 0,9 = 3

2
0,63 : 0,09 = 7
8,40 : 0,2 = 42
0,24 : 0,06 = 4
790 : 0,1 = 7900

3
12 : 0,3 = 40
1,20 : 4 = $\frac{3}{10}$
150 : 0,5 = 300
0,80 : 0,1 = 8

4

·	10	1	0,1	0,5
13,50	135	13,5	1,35	6,75
7,20	72	7,2	0,72	3,6
24,80	248	24,8	2,48	12,4
0,60	6	0,6	0,06	0,3

5 $2\cdot\frac{3}{4}=1\frac{1}{2}$ K: $1\frac{1}{2}:\frac{3}{4}=\frac{\not{3}^1}{2}\cdot\frac{4}{\not{3}_1}=2$

6 $\frac{25}{28}\cdot\frac{7}{15}=\frac{5}{12}$ K: $\frac{5}{12}:\frac{7}{15}=\frac{5}{12}\cdot\frac{15}{7}=\frac{75}{84}=\frac{25}{28}$

7 $5\frac{1}{5}\cdot\frac{5}{8}=3\frac{1}{4}$ K: $3\frac{1}{4}:\frac{5}{8}=\frac{13}{\not{4}_1}\cdot\frac{\not{8}^2}{5}=\frac{26}{5}=5\frac{1}{5}$

8 $1\frac{1}{35}\cdot\frac{7}{12}=\frac{3}{5}$ K: $\frac{3}{5}:\frac{7}{12}=\frac{3}{5}\cdot\frac{12}{7}=\frac{36}{35}=1\frac{1}{35}$

9
267 + 430 = 697
382 + 599 = 981
748 – 199 = 549
968 – 450 = 518

10
2,70 : 9 = 0,3
2,50 : 5 = 0,5
6,30 : 7 = 0,9
5,60 : 8 = 0,7

11
3 · 75 = 225
7 · 15 = 105
9 · 12 = 108
7 · 25 = 175

12

+	$\frac{1}{4}$	$\frac{1}{2}$	$\frac{1}{8}$	$\frac{1}{6}$	$\frac{1}{3}$	$\frac{1}{10}$
$\frac{1}{4}$	$\frac{2}{4}=\frac{1}{2}$	$\frac{3}{4}$	$\frac{3}{8}$	$\frac{5}{12}$	$\frac{7}{12}$	$\frac{14}{40}=\frac{7}{20}$
$\frac{1}{2}$	$\frac{3}{4}$	1	$\frac{5}{8}$	$\frac{4}{6}=\frac{2}{3}$	$\frac{5}{6}$	$\frac{6}{10}=\frac{3}{5}$

1 4 · 1,8 = 7,2 ✓ K: 7,2 : 1,8 = 72 : 18 = 4
2 9 · 1,5 = 13,5 K: 13,5 : 1,5 = 135 : 15 = 9
3 8 · 1,3 = 10,4 K: 10,4 : 1,3 = 104 : 13 = 8
4 5 · 1,7 = 8,5 K: 8,5 : 1,7 = 85 : 17 = 5
5 4 · 1,9 = 7,6 K: 7,6 : 1,9 = 76 : 19 = 4
6 9 · 1,4 = 12,6 K: 12,6 : 1,4 = 126 : 14 = 9
7 6 · 1,6 = 9,6 K: 9,6 : 1,6 = 96 : 16 = 6

8
28 000 : 7 000 = 4
45 000 : 900 = 50
2 400 : 800 = 3
72 000 : 9 000 = 8

9
284 + 399 = 683
895 – 240 = 655
170 + 330 = 500
743 – 598 = 145

10
6 · 68 = 408
4 · 83 = 332
7 · 48 = 336
9 · 72 = 648

11

$\frac{5}{8} = 0{,}625$

12
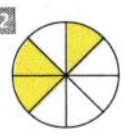
$\frac{3}{8} = 0{,}375$

13
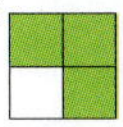
$\frac{3}{4} = 0{,}75$

14
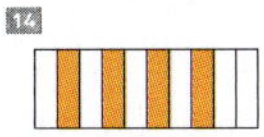
$\frac{4}{10} = 0{,}4$

15*

–	$\frac{1}{4}$	$\frac{1}{2}$	$\frac{1}{3}$	$\frac{3}{5}$
$\frac{5}{6}$	$\frac{10-3}{12} = \frac{7}{12}$	$\frac{5-3}{6} = \frac{2}{6} = \frac{1}{3}$	$\frac{5-2}{6} = \frac{3}{6} = \frac{1}{2}$	$\frac{25-18}{30} = \frac{7}{30}$
$\frac{3}{4}$	$\frac{2}{4} = \frac{1}{2}$	$\frac{3-2}{4} = \frac{1}{4}$	$\frac{9-4}{12} = \frac{5}{12}$	$\frac{15-12}{20} = \frac{3}{20}$
$1\frac{1}{2}$	$\frac{6-1}{4} = \frac{5}{4}$	1	$\frac{9-2}{6} = \frac{7}{6} = 1\frac{1}{6}$	$\frac{15-6}{10} = \frac{9}{10}$
$\frac{4}{5}$	$\frac{16-5}{20} = \frac{11}{20}$	$\frac{8-5}{10} = \frac{3}{10}$	$\frac{12-5}{15} = \frac{7}{15}$	$\frac{1}{5}$
$\frac{1}{4}$	0	n. l.	n. l.	n. l.

15 *Schreibe „n. l." bei nicht lösbaren Aufgaben.

1 6,8 : 1,7 = 4 K: 4 · 1,7 = 6,8
2 0,65 : 0,05 = 13 K: 13 · 0,05 = 0,65
3 3,2 · 0,2 = 16 K: 16 · 0,2 = 3,2
4 72,9 · 9 = 8,1 K: 8,1 · 9 = 72,9
5 4,15 + 1,65 = 5,80 K: 5,80 – 1,65 = 4,15
6 3,73 + 0,99 = 4,72 K: 4,72 – 0,99 = 3,73
7 3 · 2,5 = 7,5 K: 7,5 : 2,5 = 3
8 30 · 0,09 = 2,7 K: 2,7 : 0,09 = 30
9 13,49 – 4,99 = 8,50 K: 8,50 + 4,99 = 13,49
10 5 – 1,25 = 3,75 K: 3,75 + 1,25 = 5
11 40,8 : 10 = 4,08 K: 4,08 · 10 = 40,8
12 0,034 : 0,002 = 17 K: 17 · 0,002 = 0,034

13
$\frac{5}{12} + \frac{7}{18} = \frac{15+14}{36} = \frac{29}{36}$
$\frac{6}{7} + \frac{4}{5} = \frac{30+28}{35} = \frac{58}{35} = 1\frac{23}{35}$
$\frac{7}{25} + \frac{9}{10} = \frac{14+45}{50} = \frac{59}{50} = 1\frac{9}{50}$
$\frac{8}{15} + \frac{5}{6} = \frac{16+25}{30} = \frac{41}{30} = 1\frac{11}{30}$

14
$\frac{14}{20} - \frac{3}{8} = \frac{28-15}{40} = \frac{13}{40}$
$\frac{15}{36} - \frac{5}{12} = \frac{15-15}{36} = 0$
$\frac{11}{16} - \frac{13}{20} = \frac{55-52}{80} = \frac{3}{80}$
$\frac{13}{25} - \frac{1}{2} = \frac{26-25}{50} = \frac{1}{50}$

15

·	$\frac{1}{3}$	$\frac{1}{2}$	$\frac{3}{10}$	$\frac{3}{7}$	$\frac{5}{12}$	$\frac{7}{25}$	$\frac{8}{13}$
$\frac{1}{6}$	$\frac{1}{18}$	$\frac{1}{12}$	$\frac{3}{60} = \frac{1}{20}$	$\frac{1}{14}$	$\frac{5}{72}$	$\frac{7}{150}$	$\frac{8}{78} = \frac{4}{39}$
$\frac{3}{4}$	$\frac{1}{4}$	$\frac{3}{8}$	$\frac{9}{40}$	$\frac{9}{28}$	$\frac{15}{48} = \frac{5}{16}$	$\frac{21}{100}$	$\frac{6}{13}$
$\frac{5}{8}$	$\frac{5}{24}$	$\frac{5}{16}$	$\frac{15}{80} = \frac{3}{16}$	$\frac{15}{56}$	$\frac{25}{96}$	$\frac{35}{200} = \frac{7}{40}$	$\frac{5}{13}$

1 Merke:

$0{,}5 = \frac{1}{2}$	$0{,}2 = \frac{2}{10}\ \frac{1}{5}$	$0{,}125 = \frac{1}{8}$	$0{,}01 = \frac{1}{100}$
$0{,}25 = \frac{1}{4}$	$0{,}4 = \frac{4}{10}\ \frac{2}{5}$	$0{,}375 = \frac{3}{8}$	$0{,}05 = \frac{5}{100}\ \frac{1}{20}$
$0{,}75 = \frac{3}{4}$	$0{,}6 = \frac{6}{10}\ \frac{3}{5}$	$0{,}625 = \frac{5}{8}$	$0{,}001 = \frac{1}{1000}$
$0{,}1 = \frac{1}{10}$	$0{,}8 = \frac{8}{10}\ \frac{4}{5}$	$0{,}875 = \frac{7}{8}$	$0{,}005 = \frac{5}{1000}\ \frac{1}{200}$

2
0,1 · 3 600 = 360
0,75 · 28 = 21
0,01 · 4 200 = 42
0,25 · 220 = 55
0,2 · 1 000 = 200
0,1 · 870 = 87
0,05 · 900 = 45
0,7 · 310 = 217
0,03 · 700 = 21
0,25 · 360 = 90

3
0,125 · 96 = 12
0,001 · 70 = 0,07
0,625 · 64 = 40
0,007 · 80 = 0,56
0,375 · 24 = 9
0,003 · 61 = 0,183
0,125 · 72 = 9
0,875 · 48 = 42
0,005 · 10 = 0,05
0,375 · 16 = 6

4
0,1 · 4,2 = 0,42
0,5 · 8,4 = 4,2
0,7 · 3,5 = 2,45
0,2 · 0,2 = 0,04
0,5 · 6,6 = 3,3
0,9 · 1,8 = 1,62
0,4 · 2,5 = 1
0,6 · 3,0 = 1,8
0,1 · 9,7 = 0,97
0,5 · 7,6 = 3,8

5

:	$\frac{1}{4}$	$\frac{1}{10}$	20	$\frac{5}{6}$	7
$\frac{3}{4}$	3	$\frac{30}{4} = 7\frac{1}{2}$	$\frac{3}{80}$	$\frac{18}{20} = \frac{9}{10}$	$\frac{3}{28}$
36	144	360	$\frac{36}{20} = 1\frac{4}{5}$	$\frac{216}{5} = 43\frac{1}{5}$	$\frac{36}{7} = 5\frac{1}{7}$
$\frac{1}{8}$	$\frac{1}{2}$	$\frac{10}{8} = 1\frac{1}{4}$	$\frac{1}{160}$	$\frac{6}{40} = \frac{3}{20}$	$\frac{1}{56}$
$1\frac{1}{5}$	$4\frac{4}{5}$	$\frac{60}{5} = 12$	$\frac{6}{100} = \frac{3}{50}$	$\frac{36}{25} = 1\frac{11}{25}$	$\frac{6}{35}$

1
3,5 · 0,5 = 1,75
3,5 : 0,5 = 7
36 · 0,1 = 3,6
36 : 0,1 = 360
4,5 · 0,5 = 2,25
4,5 : 0,5 = 9
100 · 0,25 = 25
100 : 0,25 = 400

2
2,7 · 0,9 = 2,43
2,7 : 0,9 = 3,0
480 · 0,2 = 96
480 : 0,2 = 2 400
0,6 · 0,3 = 0,18
0,6 : 0,3 = 2
20 · 0,5 = 10
20 : 0,5 = 40

3
380 · 0,02 = 7,6
380 : 0,02 = 19000
2,4 · 0,8 = 1,92
2,4 : 0,8 = 3
30 · 0,01 = 0,3
30 : 0,01 = 3 000
5,6 · 0,7 = 3,92
5,6 : 0,7 = 8

4
$9^2 = 81$ $15^2 = 225$ $11^2 = 121$ $7^2 = 49$
$12^2 = 144$ $8^2 = 64$ $14^2 = 196$ $13^2 = 169$

5
8,5 : 10 = 0,85 56 : 100 = 0,56 118 : 20 = 5,90
0,126 · 10 = 1,26 0,23 · 100 = 23,0 0,04 · 30 = 1,20

6
719 – 310 = 409
862 – 598 = 264
335 + 250 = 585
476 + 399 = 875

7
3,99 · 5 = 19,95
7,15 · 2 = 14,3
4,98 · 4 = 19,92
5,50 · 8 = 44

8
4,80 : 8 = 0,6
2,80 : 7 = 0,4
3,60 : 4 = 0,9
7,20 : 9 = 0,8

9

+	43	62	153	99
47	90	109	200	146
18	61	80	171	117
65	108	127	218	164

10*

–	33	99	80	24
99	66	0	19	75
152	119	53	72	128
85	52	n. l.	5	61

10 *Schreibe „n. l." bei nicht lösbaren Aufgaben.

A	B	E	F	I	K	N	R	S	T	U	Z	Ä	.
0	0,047	$\frac{5}{72}$	0,54	$\frac{3}{4}$	0,84	1	2,65	8	39	120	763	900	1 000

1,8 · 0,3 = 0,54 F	$\frac{9}{28} + \frac{3}{7} = \frac{3}{4}$ I	807 – 799 = 8 S
8,64 – 5,99 = 2,65 R	0,01 · 4,7 = 0,047 B	$312 \cdot \frac{1}{8} = 39$ T
$15^2 - 3 \cdot 75 = 0$ A	48 : 0,4 = 120 U	$\frac{5}{108} : \frac{2}{3} = \frac{5}{72}$ E
$\frac{5}{7} : \frac{20}{28} = 1$ N	1,80 + 0,85 = 2,65 R	$180 : \frac{1}{5} = 900$ Ä
364 + 399 = 763 Z	$13^2 - 130 = 39$ T	0,53 · 5 = 2,65 R
75 : 100 = $\frac{3}{4}$ I	$\frac{15}{32} : \frac{5}{8} = \frac{3}{4}$ I	1 000 – 237 = 763 Z
0,56 : 0,07 = 8 S	$720 \cdot \frac{1}{6} = 120$ U	7,8 : 0,2 = 39 T
1,4 · 0,6 = 0,84 K	200 : 25 = 8 S	1,50 : 2 = $\frac{3}{4}$ I
0,0 : 1,5 = 0 A	$\frac{5}{12} \cdot \frac{1}{6} = \frac{5}{72}$ E	$14^2 - 195 = 1$ N
738 – 699 = 39 T	5,30 : 2 = 2,65 R	301 + 699 = 1000 .

F R A N Z I S K A T I B U R T I U S lebte 1843 bis 1927.

Sie war die E R S T E praktische Ä R Z T I N Deutschlands .

1

1,25 · 0,2	= 0,25
13 · 0,003	= 0,039
5 · 1,9	= 9,5
0,3 · 1,22	= 0,366
7 · 0,6	= 4,2
0,08 · 0,4	= 0,032
4,3 · 0,02	= 0,086
0,006 · 17	= 0,102
60 · 0,3	= 18
0,1 · 6,97	= 0,697
0,7 · 0,5	= 0,35

2

4,5 : 1,5	= 3
0,9 : 0,3	= 3
3,60 : 0,6	= 6
17,5 : 2,5	= 7
9,6 : 1,2	= 8
4,8 : 0,6	= 8
8,4 : 1,4	= 6
48 : 0,8	= 60
13,5 : 1,5	= 9
10,8 : 1,2	= 9
5,2 : 1,3	= 4

3

1,5 · 4,80	= 7,2
72 · 0,5	= 36
1,2 · 400	= 480
0,5 · 320	= 160
1,5 · 800	= 1200
0,25 · 4,20	= 105
1,25 · 200	= 250
3,2 · 0,25	= 0,8
3,6 · 0,5	= 1,8
2,5 · 300	= 750
8 · 0,75	= 6

Rechne so weit du kannst. Fertig, los!

4

- $10\,000 - 15^2 = 9\,775$
- $9\,600 - 14^2 = 9\,404$
- $9\,200 - 13^2 = 9\,031$
- $8\,800 - 12^2 = 8\,656$
- $8\,400 - 11^2 = 8\,279$
- $8\,000 - 10^2 = 7\,900$
- $7\,600 - 9^2 = 7\,519$
- $7\,200 - 8^2 = 7\,136$
- $6\,800 - 7^2 = 6\,751$
- $6\,400 - 6^2 = 6\,364$

5

- 300 · 0,01 = 3
- 600 · 0,02 = 12
- 900 · 0,03 = 27
- 1 200 · 0,04 = 48
- 1 500 · 0,05 = 75
- 1 800 · 0,06 = 108
- 2100 · 0,07 = 147
- 2400 · 0,08 = 192
- 2700 · 0,09 = 243
- 3000 · 0,10 = 300

6

- $\frac{1}{2} + \frac{1}{3} = \frac{5}{6}$
- $\frac{1}{3} + \frac{1}{4} = \frac{7}{12}$
- $\frac{1}{4} + \frac{1}{5} = \frac{9}{20}$
- $\frac{1}{5} + \frac{1}{6} = \frac{11}{30}$
- $\frac{1}{6} + \frac{1}{7} = \frac{13}{42}$
- $\frac{1}{7} + \frac{1}{8} = \frac{15}{56}$
- $\frac{1}{8} + \frac{1}{9} = \frac{17}{72}$
- $\frac{1}{9} + \frac{1}{10} = \frac{19}{90}$
- $\frac{1}{10} + \frac{1}{11} = \frac{21}{110}$
- $\frac{1}{11} + \frac{1}{12} = \frac{23}{132}$

Mathe-fit-Test 6

1

- 325 + 460 = 785
- 263 + 599 = 872
- 595 + 87 = 682
- 160 + 633 = 793
- 487 + 398 = 885

2

- $\frac{3}{7} + \frac{5}{6} = \frac{18+35}{42} = 1\frac{11}{42}$
- $1\frac{1}{2} + \frac{3}{4} = \frac{6+3}{4} = \frac{9}{4} = 2\frac{1}{4}$
- $\frac{7}{15} + \frac{4}{5} = \frac{7+12}{15} = \frac{19}{15} = 1\frac{4}{15}$
- $\frac{2}{3} + \frac{3}{7} = \frac{14+9}{21} = \frac{23}{21} = 1\frac{2}{21}$
- $2\frac{1}{4} + \frac{5}{8} = \frac{18+5}{8} = \frac{23}{8} = 2\frac{7}{8}$

3

- 3,55 + 0,80 = 4,35
- 17,08 + 2,60 = 19,68
- 1,75 + 0,75 = 2,5
- 16,99 + 3,01 = 20
- 8,35 + 3,99 = 12,34

4

- 620 – 130 = 490
- 485 – 399 = 86
- 710 – 520 = 190
- 933 – 698 = 235
- 844 – 510 = 334

5

- $\frac{5}{7} - \frac{5}{6} = \frac{30-35}{42}$ n.L.
- $\frac{3}{4} - \frac{2}{7} = \frac{21-8}{28} = \frac{13}{28}$
- $1\frac{2}{3} - \frac{1}{2} = \frac{10-3}{6} = \frac{7}{6} = 1\frac{1}{6}$
- $\frac{7}{9} - \frac{5}{8} = \frac{56-45}{72} = \frac{11}{72}$
- $\frac{9}{10} - \frac{3}{4} = \frac{18-15}{20} = \frac{3}{20}$

6

- 7,65 – 4,99 = 2,66
- 1,50 – 0,75 = 0,75
- 3,10 – 2,50 = 0,6
- 6,75 – 0,80 = 5,95
- 8,33 – 6,98 = 1,35

7

- 132 · 3 = 396
- 75 · 6 = 450
- 4 · 398 = 1 592
- 16 · 30 = 480
- 699 · 9 = 6 291

8

- $\frac{3}{4} \cdot \frac{2}{3} = \frac{2}{4} = \frac{1}{2}$
- $\frac{7}{9} \cdot \frac{5}{8} = \frac{35}{72}$
- $40 \cdot \frac{1}{4} = 10$
- $\frac{5}{7} \cdot \frac{9}{10} = \frac{45}{70} = \frac{9}{14}$
- $7 \cdot \frac{5}{6} = \frac{35}{6} = 5\frac{5}{6}$

9

- 0,375 · 40 = 15
- 2,99 · 7 = 20,93
- 14,20 · 5 = 71
- 6 · 3,99 = 23,94
- 0,75 · 320 = 240

10

- 420 : 7 = 60
- 150 : 25 = 6
- 98 : 14 = 7
- 560 : 80 = 7
- 945 : 3 = 315

11

- $\frac{1}{5} : \frac{3}{4} = \frac{4}{15}$
- $\frac{3}{8} : \frac{5}{7} = \frac{21}{40}$
- $\frac{1}{2} : \frac{1}{6} = \frac{6}{2} = 3$
- $1\frac{3}{4} : \frac{5}{8} = \frac{14}{5} = 2\frac{4}{5}$
- $20 : \frac{1}{5} = 100$

12

- 4,2 : 0,07 = 60
- 8,4 : 1,2 = 7
- 24 : 0,06 = 400
- 500 : 0,5 = 1000
- 0,63 : 0,9 = 0,7

5 *Schreibe „n. l." bei nicht lösbaren Aufgaben.

Du hast ☐ Aufgaben richtig gelöst.

Karl-Heinz Keller

Das Übungsheft 6

Name: ______________________________

Klasse: ______________________________

Bestell-Nr. 6504-54 · ISBN 978-3-619-65454-3

Internetadresse: www.mildenberger-verlag.de
E-Mail: info@mildenberger-verlag.de

Auflage	4	3	2	1
Jahr	2014	2013	2012	2011

Bezugsmöglichkeiten
Alle Titel des Mildenberger Verlags erhalten Sie unter:
www.mildenberger-verlag.de oder im Buchhandel.
Jede Buchhandlung kann alle Titel direkt über den Mildenberger Verlag beziehen. Ausnahmen kann es bei Titeln mit Lösungen geben: Hinweise hierzu finden Sie in unserem aktuellen Gesamtprogramm.

Druck: Grafisches Centrum Cuno GmbH & Co. KG, 39240 Calbe
Gedruckt auf umweltfreundlichen Papieren

Mildenberger Verlag

Trainingsregeln

Die Beherrschung der Grundrechenarten ist Voraussetzung für einen erfolgreichen Mathematikunterricht. Dieses Ziel lässt sich am besten erreichen, wenn nach den oben genannten Regeln trainiert wird.

Nur durch konsequentes **tägliches Training**, bei dem wichtige Verfahren immer wieder aufgegriffen werden, ist eine wesentliche Verbesserung der Rechenleistungen zu erreichen.

In jeder Unterrichtsstunde sollte **5 bis 10 Minuten** trainiert werden. Mindestens die Hälfte der für das Kopfrechnen vorgesehenen Zeit soll für das **gemeinsame Üben** verwendet werden.

Gehören verschiedene Aufgabentypen zum täglichen Pensum, sollten von jedem Typ einige nach den **Trainingsregeln** bearbeitet werden.

Das gemeinsame Training ist deshalb so wichtig, weil nur dadurch gewährleistet ist, dass die Schülerinnen und Schüler sich die **richtigen** Rechenwege, Sprech- und Schreibweisen einprägen.

Beim täglichen Kopfrechnen müssen auch die **Kontrollmöglichkeiten** (Tauschaufgaben, Umkehraufgaben, Überschlag …) mit geübt werden. Alle kontrollierten Aufgaben sollen mit einem roten Haken (✓) markiert werden. Eine zusätzliche Kontrollmöglichkeit bietet das integrierte **Lösungsheft**.

1

·	9	12		7		20	6		
	36							52	
8									
10			150						
				140					
7					210				
						1 000			2 500
9									

✓ heißt: Ich habe kontrolliert, es stimmt.

2*

50 ✓ · 7 = 350 350 : 7 = 50
☐ · 5 = 60 ______
☐ · 3 = 180 ______
☐ · 2 = 80 ______
☐ · 0 = 900 ______
☐ · 6 = 90 ______

3

9 · ☐ = 630 ______
4 · ☐ = 56 ______
8 · ☐ = 240 ______
7 · ☐ = 7 ______
1 · ☐ = 88 ______
5 · ☐ = 450 ______

4

795 + 6 = ☐
388 + 7 = ☐
593 + 8 = ☐
978 + 9 = ☐

5

412 – 30 = ☐
806 – 10 = ☐
333 – 50 = ☐
627 – 30 = ☐

6

735 – 120 = ☐
341 – 240 = ☐
666 – 370 = ☐
207 – 140 = ☐

7

Zahl a	50	100			130			
$\frac{1}{5}$ a	10 ✓		12					18
$\frac{3}{5}$ a	30 ✓					42		
$\frac{4}{5}$ a	40 ✓			160			800	

2* Schreibe „n. l." bei nicht lösbaren Aufgaben.

1

·	5		8		6			7	50
13		130					260		
	150								
33				99		0			

2

7 · 35 = ☐

210 / 35

7 · 53 = ☐

7 · 39 = ☐

7 · 23 = ☐

3

23 · 8 = ☐

32 · 8 = ☐

53 · 8 = ☐

35 · 8 = ☐

4 *

113 · ☐ = 678

0 · ☐ = 133

313 · ☐ = 939

13 · ☐ = 390

5

2,50 € + 0,90 € + 1,30 € = ______

1,49 € + 5 € + 0,15 € = ______

0,85 € + 2,10 € + 6,50 € = ______

1,99 € + 2,99 € + 0,50 € = ______

6

3 km 50 m + 380 m = ______

2 300 m + 4,080 km = ______

6,300 km + 790 m = ______

0,590 km + 2 700 m = ______

7

8

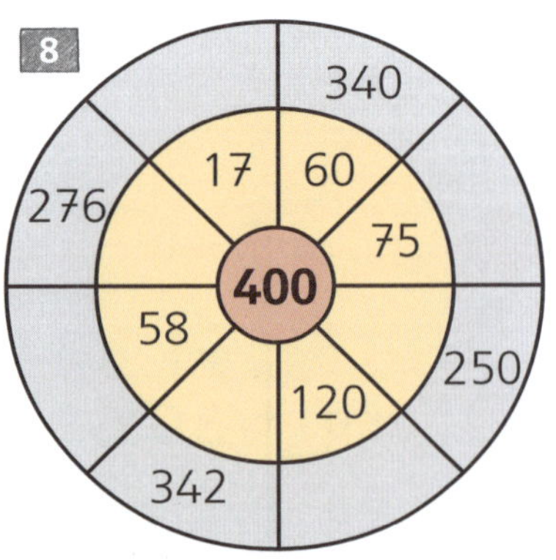

4 *Schreibe „n. l.“ bei nicht lösbaren Aufgaben.

1

·		3	10	7	9	1	6		
60	300							480	
		48							176
						66			

2

$65 \cdot 4 =$ ____

240 / 20

$63 \cdot 4 =$ ____

$62 \cdot 9 =$ ____

$65 \cdot 6 =$ ____

3

$26 \cdot 9 =$ ____

$36 \cdot 8 =$ ____

$46 \cdot 7 =$ ____

$56 \cdot 6 =$ ____

4

____ $\cdot\ 116 = 464$

____ $\cdot\ 206 = 618$

____ $\cdot\ 360 = 1\,800$

____ $\cdot\ 216 = 432$

5

$85 + 19 =$ ____

$85 + 119 =$ ____

$285 + 119 =$ ____

$685 + 119 =$ ____

6

$66 + 18 =$ ____

$166 + 18 =$ ____

$366 + 118 =$ ____

$766 + 218 =$ ____

7

$86 + 17 =$ ____

$86 + 117 =$ ____

$486 + 217 =$ ____

$586 + 317 =$ ____

8

$52 - 15 =$ ____

$152 - 115 =$ ____

$552 - 215 =$ ____

$852 - 515 =$ ____

9

$34 - 16 =$ ____

$234 - 16 =$ ____

$434 - 116 =$ ____

$934 - 616 =$ ____

10

$110 - 19 =$ ____

$310 - 19 =$ ____

$610 - 119 =$ ____

$710 - 419 =$ ____

11

Zahl b	60			420		360	
$\frac{1}{6}$b	10 ✓	100					
$\frac{5}{6}$b							250
$\frac{1}{60}$b			3		2		

1

·		10		6	9	7			
8	40							160	
80		800					320		
40						280			
14			42						1 400

Bei **2** und **3** muss der Rest auch dividiert werden. Schreibe den Rest als ungekürzten Bruch. Beispiel: 59 : 8 = 7 Rest 3 3 : 8 = $\frac{3}{8}$

2

59 : 8 = $7\frac{3}{8}$ **K:** 7 · 8 + 3 = 59

25 : 8 = ______ K: ______

45 : 8 = ______ K: ______

64 : 8 = ______ K: ______

34 : 8 = ______ K: ______

76 : 8 = ______ K: ______

23 : 8 = ______ K: ______

88 : 8 = ______ K: ______

62 : 8 = ______ K: ______

3

23 : 4 = $5\frac{3}{4}$ **K:** 5 · 4 + 3 = 23

17 : 4 = ______ K: ______

26 : 4 = ______ K: ______

15 : 4 = ______ K: ______

36 : 4 = ______ K: ______

18 : 4 = ______ K: ______

35 : 4 = ______ K: ______

22 : 4 = ______ K: ______

3 : 4 = ______ K: ______

4

$\frac{4}{4}$ | $\frac{1}{4}$ | ______ | $\frac{1}{8}$ | ______ | ______ | ______

5 Schreibe den Rest als Bruch.

Zahl y	64	50	32	35	44	90
$\frac{1}{4}$ y	16	$12\frac{2}{4}$ / $12\frac{1}{2}$				
$\frac{1}{8}$ y	8					
$\frac{1}{10}$ y	$6\frac{4}{10}$ / $6\frac{2}{5}$					

Rechentrick bei (+) plus *

Beispiel 1:

schwer: 196 + 278 = ___

leicht: 200 + 274 = 474

Erste Zahl (+ 4)

Zweite Zahl (– 4)

Beispiel 2:

schwer: 574 + 398 = ___

leicht: 572 + 400 = 972

Zweite Zahl (+ 2)

Erste Zahl (– 2)

1

296 + 165 = 461 ✓

300 / 161 / 461

599 + 276 = ___

397 + 483 = ___

198 + 674 = ___

2

503 + 288 = ___

204 + 163 = ___

402 + 388 = ___

601 + 394 = ___

3

398 + 135 = ___

301 + 278 = ___

199 + 444 = ___

705 + 197 = ___

4

4^4 = 4 · 4 · 4 · 4 = 256

4^3 = ___ = ___

5^2 = ___ = ___

2^4 = ___ = ___

5

8^2 = ___ = ___

10^4 = ___ = ___

3^3 = ___ = ___

6^2 = ___ = ___

6

7

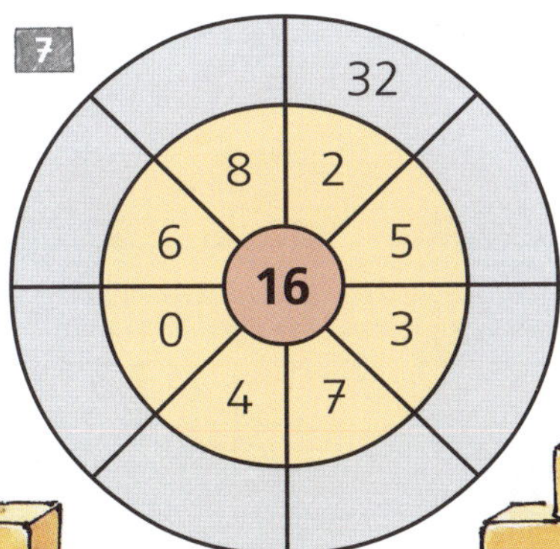

8

* An einfachen Zahlen überprüfen: 9 + 4 = 10 + 3 oder: 18 + 9 = 17 + 10

1

·			39
2	180		
4			
8			
5			
10		190	
			117
6			
9			
11			
			0
7			
20			

2

:	9
36	4 ✓
41	$4\frac{5}{9}$ ✓
70	
91	
80	
63	
67	
56	
34	
81	
83	
100	

Kontrolle: (Umkehraufgabe)

$4 \cdot 9 = 36$

$4 \cdot 9 + 5 = 41$

3

1 kg 70 g + 350 g =

680 g + 2,300 kg =

3,5 kg + 1 600 g =

190 g + 5 kg 350 g =

4

3 h 10 min + 1 h 50 min =

45 min + 2 h 10 min =

130 min + 1 h 20 min =

$1\frac{1}{2}$ h + 4 h 35 min =

5

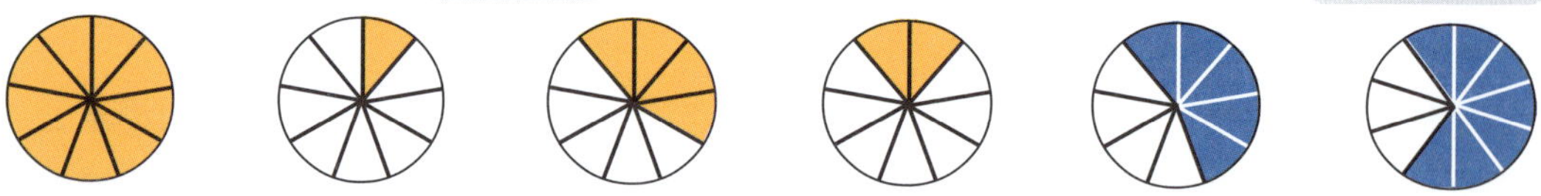

$\frac{9}{9}$	$\frac{1}{9}$			$\frac{5}{9}$	$\frac{7}{10}$

6

Zahl z	36	72				540	
$\frac{1}{9}$ z	4 ✓		5				
$\frac{3}{9}$ z	12 ✓			30			48
$\frac{6}{9}$ z							
$\frac{7}{9}$ z					140		

Rechentrick bei (+) (siehe Seite 7)

1 1,75 € + 3,99 € = 5,74 € ✓

1,74 / 4,00 / 5,74

3,87 € + 1,99 € = ___

2,99 € + 1,99 € = ___

8,23 € + 2,99 € = ___

5,55 € + 4,99 € = ___

4,38 € + 6,99 € = ___

2 5,98 € + 2,26 € = ___

6,00 /

3,97 € + 6,44 € = ___

2,66 € + 4,96 € = ___

5,99 € + 1,83 € = ___

3,45 € + 7,97 € = ___

6,98 € + 9,55 € = ___

3 4^2 = ___ = ___

5^3 = ___ = ___

10^3 = ___ = ___

4 9^2 = ___ = ___

3^4 = ___ = ___

2^5 = ___ = ___

5* ___ · 18 + 5 = 95

___ · 18 + 3 = 58

___ · 18 + 9 = 117

6 ___ · 16 + 1 = 161

___ · 16 + 7 = 87

___ · 16 + 2 = 130

7* 3 · ___ + 8 = 278

0 · ___ + 7 = 156

7 · ___ + 9 = 289

8

___ | ___ | ___ | $\frac{9}{10}$

9

Zahl a	1 230	360					
$\frac{1}{10}a$	123		59			350	
$\frac{5}{10}a$				80			335
$\frac{7}{10}a$					770		

5 * **7** *Schreibe „n. l.“ bei nicht lösbaren Aufgaben.

1

·		3	6	12	7	9			
					49				140
70	350						560		
		51						0	

Schreibe den Rest als Bruch. Beispiel: 60 : 17 = 3 R 9 9 : 17 = $\frac{9}{17}$

2

60 : 17 = $3\frac{9}{17}$ ✓

K: 3 · 17 + 9 = 60

50 : 17 = ______

K: ______

45 : 17 = ______

K: ______

99 : 17 = ______

K: ______

3

110 : 17 = ______

K: ______

130 : 17 = ______

K: ______

140 : 17 = ______

K: ______

160 : 17 = ______

K: ______

4

70 · 4 + ______ = 300

70 · ______ = 362

70 · ______ = 295

70 · ______ = 708

70 · ______ = 470

70 · ______ = 635

70 · ______ = 445

70 · ______ = 600

5

1 000 – 299 =

1 000 – 565 =

1 000 – 728 =

1 000 – 347 =

6

320 – 150 =

410 – 150 =

907 – 150 =

613 – 150 =

7

815 – 120 =

815 – 230 =

815 – 340 =

815 – 450 =

8 Schreibe den Rest als ungekürzten Bruch.
Beispiel: 65 : 6 = 10 R 5 5 : 6 = $\frac{5}{6}$

Zahl x	65	120	240				186
$\frac{1}{6}$x	$10\frac{5}{6}$				17		
$\frac{1}{7}$x	$9\frac{2}{7}$			13			
$\frac{1}{8}$x							
$\frac{1}{10}$x						21	

1 $3 \cdot 25 =$ ____

60/15

$5 \cdot 25 =$ ____

$8 \cdot 25 =$ ____

2 $4 \cdot 25 =$ ____

$6 \cdot 25 =$ ____

$10 \cdot 25 =$ ____

3 $9 \cdot 25 =$ ____

$7 \cdot 25 =$ ____

$12 \cdot 25 =$ ____

4 Merke:

$4 \cdot 25 =$ ____ $3 \cdot 25 =$ ____ $10 \cdot 25 =$ ____

$8 \cdot 25 =$ ____ $6 \cdot 25 =$ ____ $20 \cdot 25 =$ ____

$16 \cdot 25 =$ ____ $12 \cdot 25 =$ ____ $40 \cdot 25 =$ ____

Rechentrick bei (+) (siehe Seite 7)

5 $399 + 238 =$ ____

$257 + 698 =$ ____

6 12,99 € + 4,50 € = ____

16,20 € + 3,98 € = ____

Rechne so weit du kannst. Fertig, los!

7

$3^2 + 1 =$ ____

$3^3 + 3 =$ ____

$3^4 + 9 =$ ____

$3^5 + 7 =$ ____

$3^6 + 1 =$ ____

8

$10 \cdot 25 + 10 =$ ____

$12 \cdot 25 + 20 =$ ____

$14 \cdot 25 + 30 =$ ____

$16 \cdot 25 + 40 =$ ____

9

$4000 : 2 =$ ____

$3800 : 2 =$ ____

$3600 : 2 =$ ____

$3400 : 2 =$ ____

A	B	C	E	F	I	L	M	N	O	P	R	S	U	W	Z	.
0	1	4	5	6	7	8	9	81	125	150	228	235	375	468	482	1 000

108 : 12 = ___
0 : 73 = ___
6 · 38 = ___
490 : 70 = ___
80 : 16 = ___
100 : 25 = ___
276 + 99 = ___
430 – 202 = ___
660 – 653 = ___
125 : 25 = ___

102 : 17 = ___
10^3 – 772 = ___
486 – 486 = ___
500 – 125 = ___
299 + 183 = ___
1 000 – 532 = ___
90 : 18 = ___
560 : 80 = ___
9^2 = ___
5^3 = ___

179 – 178 = ___
95 : 19 = ___
720 : 90 = ___
6 · 25 = ___
76 · 3 = ___
368 – 363 = ___
175 : 25 = ___
47 · 5 = ___
5^4 – 620 = ___
10^3 – 0 = ___

_ _ _ _ _ _ _ _ _ _ ist die einzige _ _ _ _, die _ _ _ _ _ _ _ _ _ _ _ _ _ _ (1903 für Physik und 1911 für Chemie) erhielt _

1

Zahl b	42	84						
$\frac{1}{7}$b	6 ✓		15				25	
$\frac{2}{7}$b	12 ✓							
$\frac{3}{7}$b					39			
$\frac{5}{7}$b				100				95
$\frac{6}{7}$b						102		

2

10 · 25 = ☐
20 · 25 = ☐
40 · 25 = ☐
30 · 25 = ☐

3

4 · 25 = ☐
8 · 25 = ☐
16 · 25 = ☐
32 · 25 = ☐

4

3 · 25 = ☐
6 · 25 = ☐
12 · 25 = ☐
24 · 25 = ☐

5

3,99 + 2,50 = ☐
1,99 + 7,60 = ☐
2,98 + 4,35 = ☐

6

3,15 + 2,99 = ☐
2,60 + 5,98 = ☐
5,30 + 2,98 = ☐

7

1,97 + 2,30 = ☐
4,88 + 2,98 = ☐
6,95 + 2,66 = ☐

8 *

9 · ☐ = 9
7 · ☐ = 0
8 · ☐ = 1

9

☐ : 18 = 3
☐ : 14 = 9
☐ : 17 = 6

10 *

☐ · 19 = 76
☐ · 0 = 39
☐ · 16 = 80

11

15 · ☐ + 3 = 93
25 · ☐ + 8 = 133
13 · ☐ + 9 = 100

12 Schreibe den Rest als ungekürzten Bruch.
Beispiel: 75 : 10 = 7 R 5 5 : 10 = $\frac{5}{10}$

Zahl c	75						
$\frac{1}{10}$c	7 $\frac{5}{10}$		15			9 $\frac{2}{10}$	
$\frac{1}{4}$c		30			15		
$\frac{1}{25}$c				8			
$\frac{1}{2}$c							80

8 * **10** * Schreibe „n. l." bei nicht lösbaren Aufgaben.

Mathe-fit-Test 1

1

Zahl y	80	120					
$\frac{1}{10}$ y							54
$\frac{5}{10}$ y			75		125		
$\frac{7}{10}$ y				63			
$\frac{9}{10}$ y						126	

2 3^3 = ______________ = ________

2^6 = ______________ = ________

7^2 = ______________ = ________

3^4 = ______________ = ________

3 8^1 = ______________ = ________

2^5 = ______________ = ________

4^3 = ______________ = ________

5^4 = ______________ = ________

4 498 + 365 = ☐

____

487 + 295 = ☐

____

5 14,99 € + 3,25 € = ☐

____

6,10 € + 9,98 € = ☐

____

6

1 000 – 350 = ☐

1 000 – 465 = ☐

1 000 – 628 = ☐

7

540 – 68 = ☐

620 – 75 = ☐

704 – 92 = ☐

8

733 – 300 = ☐

733 – 440 = ☐

733 – 568 = ☐

9

64 : ☐ = 4

96 : ☐ = 8

75 : ☐ = 3

10

☐ · 17 + 3 = 88

☐ · 14 + 4 = 130

☐ · 19 + 8 = 65

11

7 · ☐ + 12 = 97

8 · ☐ + 1 = 0

3 · ☐ + 17 = 17

12

Zahl e	65	40	70			
$\frac{1}{3}$ e	$21\frac{2}{3}$			$9\frac{1}{3}$		
$\frac{1}{5}$ e					$7\frac{4}{5}$	
$\frac{1}{8}$ e						$11\frac{2}{8}$

Du hast ☐ Aufgaben richtig gelöst.

Rechentrick bei (–) minus *

Beispiel 1:

schwer: 347 – 196 =

leicht: 351 – 200 = 151

Beispiel 2:

schwer: 802 – 588 =

leicht: 800 – 586 = 214

Achtung: Bei ***minus*** beide Zahlen gleichmäßig verändern!

Zweite Zahl (+ 4)
Erste Zahl (+ 4)

Erste Zahl (– 2)
Zweite Zahl (– 2)

1

548 – 397 =
551 – 400 =

362 – 199 =

738 – 498 =

475 – 397 =

2

799 – 556 =

602 – 357 =

898 – 174 =

301 – 286 =

3

925 – 795 =

299 – 164 =

602 – 427 =

550 – 399 =

4

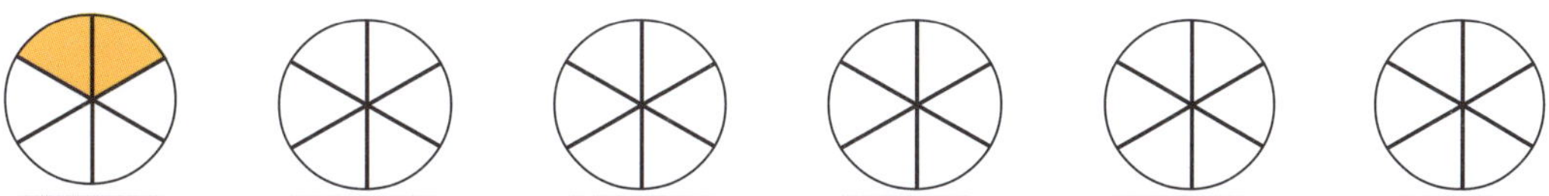

$\frac{1}{3}$ $\frac{1}{6}$ $\frac{2}{3}$ $\frac{3}{6}$ $\frac{5}{6}$ $\frac{4}{6}$

5

Zahl a	120	90	42	180	54	360	2 400	6 000
$\frac{1}{3}$ a								
$\frac{2}{3}$ a								
$\frac{1}{6}$ a								
$\frac{3}{6}$ a								
$\frac{5}{6}$ a								

* An einfachen Zahlen überprüfen: 13 – 7 = 10 – 4 oder: 29 – 7 = 30 – 8

1

·	3	13
3		
	21	
9		
		0
8		

2

·	3	
5		150
20		
		120
12		

3

·	6	16
4		
	48	
3		
	36	
11		

4

·	6	60
	30	
20		
	54	
15		
	42	

Erweitere mit 3:

5

$\frac{3}{7} = \frac{9}{21}$

$\frac{2}{15} = \frac{}{}$

$\frac{5}{7} = \frac{}{}$

$\frac{4}{14} = \frac{}{}$

6

$\frac{6}{11} = \frac{}{}$

$\frac{8}{9} = \frac{}{}$

$\frac{3}{12} = \frac{}{}$

$\frac{13}{16} = \frac{}{}$

Erweitere mit 6:

7

$\frac{3}{7} = \frac{18}{42}$

$\frac{6}{15} = \frac{}{}$

$\frac{5}{12} = \frac{}{}$

$\frac{3}{8} = \frac{}{}$

8

$\frac{2}{25} = \frac{}{}$

$\frac{4}{7} = \frac{}{}$

$\frac{9}{13} = \frac{}{}$

$\frac{17}{20} = \frac{}{}$

Rechentrick bei (−) Denke daran: Du musst beide Zahlen … (siehe Seite 15)

9

16,50 € – 2,99 € =

16,51 € – 3,00 € =

6,23 € – 1,99 € =

34,90 € – 6,98 € =

8,78 € – 3,99 € =

52,60 € – 9,99 € =

27,35 € – 5,98 € =

10

7,50 m – 399 cm =

3,15 m – 99 cm =

10,83 m – 2,98 m =

6,05 m – 197 cm =

13,66 m – 6,99 m =

750 cm – 4,98 m =

1

·			10				7	
65	195					65		
116		580			0			
			360					720
56				224				

2

102 : 6 = ☐

60 / 42

117 : 9 = ☐

133 : 7 = ☐

3

96 : 12 = ☐

120 : 12 = ☐

135 : 15 = ☐

120 : 15 = ☐

150 : 25 = ☐

175 : 25 = ☐

4

☐ · 14 = 112

☐ · 16 = 112

☐ · 12 = 72

☐ · 15 = 105

☐ · 12 = 108

☐ · 25 = 200

Erweitern. Ergänze die fehlenden Zahlen (Zähler oder Nenner).

5

$\frac{5}{9} = \frac{\square}{45}$

$\frac{7}{16} = \frac{\square}{64}$

$\frac{3}{25} = \frac{\square}{125}$

6

$\frac{7}{15} = \frac{63}{\square}$

$\frac{9}{12} = \frac{72}{\square}$

$\frac{17}{60} = \frac{102}{\square}$

7

$\frac{\square}{25} = \frac{78}{150}$

$\frac{\square}{15} = \frac{84}{105}$

$\frac{\square}{12} = \frac{90}{108}$

8

$\frac{9}{16} = \frac{54}{\square}$

$\frac{11}{\square} = \frac{77}{91}$

$\frac{14}{\square} = \frac{70}{75}$

Rechentrick bei (−) (siehe Seite 15)

9

7,98 € – 3,46 € = ☐

8 € -

16,99 € – 5,53 € = ☐

9,74 € – 5,98 € = ☐

10

25,85 € – 3,99 € = ☐

9,99 € – 7,06 € = ☐

30,70 € – 20,98 € = ☐

1

+		24		47
55	73			
		100		
48			118	
				144

2*

−	25	40		
100				
		43		
74			12	
96				18

Kürze so weit wie möglich.

3

$\frac{12}{16} = \frac{3}{4}$

$\frac{16}{24} = \frac{}{3}$

$\frac{3}{9} =$ ___

$\frac{14}{21} =$ ___

4

$\frac{10}{15} =$ ___

$\frac{4}{18} =$ ___

$\frac{20}{26} =$ ___

$\frac{9}{12} =$ ___

5

$\frac{16}{32} =$ ___

$\frac{16}{28} =$ ___

$\frac{24}{40} =$ ___

$\frac{7}{13} =$ ___

6

$\frac{48}{72} =$ ___

$\frac{6}{12} =$ ___

$\frac{5}{20} =$ ___

$\frac{10}{100} =$ ___

Rechentrick bei **:** geteilt durch

Beispiel:

schwer: 36 0~~00~~ : 4~~00~~ = ___ **Kürze durch 10, 100 oder …**

leicht: 360 : 4 = 90

7

36 0~~00~~ : 3~~00~~ =
36 00~~0~~ : 3~~0~~ =
36 ~~000~~ : 3 ~~000~~ =
2 700 : 900 =
2 700 : 90 =
2 700 : 9 =
32 000 : 8 000 =
32 000 : 80 =
32 000 : 800 =

8

560 : 80 =
560 : 70 =
560 : 20 =
48 000 : 800 =
48 000 : 80 =
48 000 : 8 000 =
2 400 : 4 =
2 400 : 400 =
2 400 : 40 =

9

2 400 : 80 =
12 000 : 400 =
480 : 40 =
57 000 : 7 000 =
2 100 : 300 =
45 000 : 9 000 =
21 000 : 700 =
1 800 : 60 =
40 000 : 8 000 =

2 *Schreibe „n. l." bei nicht lösbaren Aufgaben.

1

·		25
3	36	
		200
	60	
4		
	108	
20		

2

$50 : 16 =$ $3\frac{2}{16}$ K: $3 \cdot 16 + 2 =$ ______

$50 : 17 =$ ____ K: ______

$50 : 18 =$ ____ K: ______

$50 : 19 =$ ____ K: ______

____ $: 14 = 7\frac{3}{14}$ K: ______

____ $: 18 = 9\frac{7}{18}$ K: ______

____ $: 15 = 8\frac{6}{15}$ K: ______

____ $: 13 = 6\frac{7}{13}$ K: ______

Bei einigen Aufgaben kannst du einen Rechentrick anwenden. Kreuze diese Aufgaben zuerst an.

3

667 – 280 = ____

467 / 387

X 573 – 199 = ____

482 – 350 = ____

899 – 675 = ____

4

713 – 398 = ____

345 – 135 = ____

661 – 299 = ____

533 – 218 = ____

5

957 – 723 = ____

498 – 178 = ____

820 – 245 = ____

764 – 598 = ____

6

$8^2 =$ ____ $10^2 =$ ____ $12^2 =$ ____ $14^2 =$ ____

$9^2 =$ ____ $11^2 =$ ____ $13^2 =$ ____ $15^2 =$ ____

7 Schreibe den Rest als ungekürzten Bruch.

Zahl x	60	75	90	84	100		
$\frac{1}{25}x$	$2\frac{10}{25}$						
$\frac{1}{7}x$							$15\frac{2}{7}$
$\frac{1}{12}x$						$3\frac{4}{12}$	

1

−	30		52	69
	64			
72		47		
116				
				16

2

+	19	87		26
	46			
		130		
111			149	
				124

Erweitern. Ergänze die fehlenden Zahlen (Zähler oder Nenner).

3

$\frac{3}{25} = \frac{9}{\square}$

$\frac{6}{25} = \frac{12}{\square}$

$\frac{14}{25} = \frac{56}{\square}$

$\frac{7}{25} = \frac{49}{\square}$

4

$\frac{5}{7} = \frac{\square}{84}$

$\frac{3}{7} = \frac{\square}{105}$

$\frac{2}{9} = \frac{\square}{72}$

$\frac{3}{8} = \frac{\square}{104}$

5

$\frac{9}{\square} = \frac{36}{100}$

$\frac{9}{\square} = \frac{45}{60}$

$\frac{9}{\square} = \frac{72}{120}$

$\frac{9}{\square} = \frac{63}{98}$

6

$\frac{\square}{25} = \frac{108}{225}$

$\frac{13}{18} = \frac{\square}{72}$

$\frac{15}{\square} = \frac{90}{96}$

$\frac{7}{14} = \frac{63}{\square}$

Rechentrick bei ⊕ (siehe Seite 7)

7 327 + 79 = ☐

326 / 80 / 406

452 + 68 = ☐

399 + 83 = ☐

598 + 56 = ☐

8 1 450 + 199 = ☐

3 607 + 398 = ☐

5 300 + 599 = ☐

2 156 + 299 = ☐

9 99 + 257 = ☐

717 + 198 = ☐

698 + 73 = ☐

98 + 467 = ☐

10

Zahl y	45	90	150	105			
$\frac{1}{15}$ y					8		
$\frac{12}{15}$ y						60	
$\frac{14}{15}$ y							14

Kürze so weit wie möglich.

1

$\frac{12}{48} = \frac{3}{12} = \frac{1}{4}$

$\frac{12}{21} =$

$\frac{12}{15} =$

$\frac{16}{68} =$

2

$\frac{14}{56} =$

$\frac{16}{24} =$

$\frac{15}{75} =$

$\frac{6}{15} =$

3

$\frac{8}{18} =$

$\frac{9}{48} =$

$\frac{10}{25} =$

$\frac{36}{60} =$

Rechentrick bei + (siehe Seite 7) und bei – (siehe Seite 15)

4

375 + 499 =

374 / 500

536 + 198 =

699 + 243 =

627 + 397 =

5

343 – 199 =

344 - 200

699 – 372 =

546 – 298 =

958 – 799 =

6

6,55 € + 0,99 € =

5,18 € – 2,99 € =

7,60 € + 3,98 € =

7,60 € – 3,98 € =

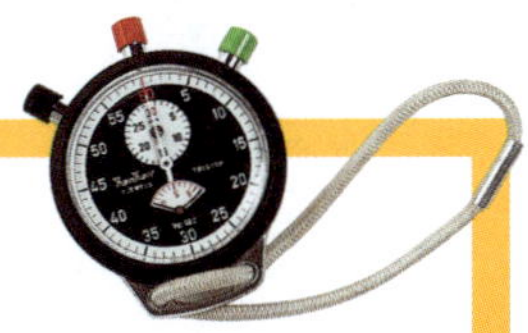

Rechne so weit du kannst. Fertig, los!

7

$2 \cdot 25 + 2^2 =$

$4 \cdot 25 + 3^2 =$

$8 \cdot 25 + 4^2 =$

$16 \cdot 25 + 5^2 =$

8

$\frac{1}{2}$ von 10 000 =

$\frac{1}{2}$ von 12 000 =

$\frac{1}{2}$ von 14 000 =

$\frac{1}{2}$ von 16 000 =

9

250 – 199 =

355 – 299 =

460 – 399 =

565 – 499 =

A	D	E	G	I	L	M	N	R	S	T	U
0	4	12	40	42	75	169	196	225	400	765	800

$126 : 3 =$

$14^2 =$

$\frac{6}{7}$ von 49 =

$694 - 498 =$

$\frac{2}{7}$ von 14 =

$210 : 5 =$

$411 - 399 =$

$49 \cdot 4 =$

$13^2 =$

$32 \cdot 25 =$

$167 + 598 =$

$10^3 - 235 =$

$72 : 6 =$

$15^2 =$

$399 + 366 =$

$\frac{1}{8}$ von 96 =

$9 \cdot 25 =$

$711 - 699 =$

$16 \cdot 25 =$

$0 : 350 =$

$84 : 7 =$

$\frac{1}{2}$ von 392 =

$\frac{5}{9}$ von 72 =

$9^2 - 69 =$

$3 \cdot 25 =$

$86 \cdot 0 =$

$11^2 + 104 =$

$568 - 399 =$

$\frac{3}{10}$ von 40 =

$795 - 599 =$

☐☐ ☐☐☐☐☐☐ wurde ☐☐☐☐☐☐ ☐☐☐☐☐☐,

die 1979 den Friedensnobelpreis erhielt,

☐☐☐☐☐ der ☐☐☐☐☐ genannt.

Kürze zuerst durch 100, 1 000 oder 10.

1

27 0~~00~~ : 9~~00~~ = ___

5 000 : 200 = ___

24 000 : 80 = ___

2 700 : 300 = ___

2 400 : 800 = ___

2

8 100 : 900 = ___

72 000 : 8 000 = ___

6 000 : 300 = ___

24 000 : 6 000 = ___

5 400 : 900 = ___

3

63 000 : 7 000 = ___

10 000 : 500 = ___

3 000 : 60 = ___

32 000 : 4 000 = ___

1 800 : 300 = ___

Auswendig!

4

$11^2 =$ ___

$8^2 =$ ___

5

$9^2 =$ ___

$13^2 =$ ___

6

$10^2 =$ ___

$15^2 =$ ___

7

$12^2 =$ ___

$14^2 =$ ___

Ergänze die fehlenden Zahlen.

8

$\frac{3}{7} = \frac{\square}{63}$

$\frac{6}{25} = \frac{48}{\square}$

9

$\frac{9}{12} = \frac{\square}{84}$

$\frac{5}{8} = \frac{60}{\square}$

10

$\frac{\square}{25} = \frac{48}{75}$

$\frac{14}{\square} = \frac{126}{135}$

11

$\frac{5}{\square} = \frac{75}{90}$

$\frac{\square}{17} = \frac{78}{102}$

Auswendig!

12

·	3	6	9	4	8	16	7	5	12	32
25										
12										

Kürze so weit wie möglich.

13

$\frac{9}{15} = \frac{\square}{\square}$

$\frac{21}{56} = \frac{\square}{\square}$

$\frac{14}{42} = \frac{\square}{\square}$

14

$\frac{15}{60} = \frac{\square}{\square}$

$\frac{18}{21} = \frac{\square}{\square}$

$\frac{40}{200} = \frac{\square}{\square}$

15

$\frac{24}{56} = \frac{\square}{\square}$

$\frac{27}{72} = \frac{\square}{\square}$

$\frac{16}{96} = \frac{\square}{\square}$

16

$\frac{30}{35} = \frac{\square}{\square}$

$\frac{40}{64} = \frac{\square}{\square}$

$\frac{7}{49} = \frac{\square}{\square}$

Mathe-fit-Test 2

Achtung: + oder − !

1

765 − 230 = ☐

324 − 199 = ☐

588 − 340 = ☐

607 − 498 = ☐

2

524 + 399 = ☐

270 + 450 = ☐

753 + 220 = ☐

481 + 298 = ☐

3

666 − 299 = ☐

426 + 299 = ☐

950 − 798 = ☐

365 + 498 = ☐

4

$3^3 =$ ☐

$2^6 =$ ☐

5

$10^4 =$ ☐

$15^2 =$ ☐

6

$13^2 =$ ☐

$5^3 =$ ☐

7

$4^3 =$ ☐

$12^2 =$ ☐

Kürze so weit wie möglich.

8

$\frac{36}{96} = \frac{\square}{\square}$

$\frac{30}{42} = \frac{\square}{\square}$

9

$\frac{27}{30} = \frac{\square}{\square}$

$\frac{7}{56} = \frac{\square}{\square}$

10

$\frac{35}{40} = \frac{\square}{\square}$

$\frac{21}{28} = \frac{\square}{\square}$

11

$\frac{12}{72} = \frac{\square}{\square}$

$\frac{18}{162} = \frac{\square}{\square}$

12

320 000 : 8 000 = ☐

75 000 : 5 000 = ☐

21 000 : 300 = ☐

630 000 : 9 000 = ☐

6 400 : 800 = ☐

13

☐ : 32 = 7 K: ________

☐ : 64 = 5 K: ________

☐ : 28 = 6 K: ________

☐ : 73 = 4 K: ________

☐ : 49 = 8 K: ________

Erweitere.

14

$\frac{3}{8} = \frac{\square}{56}$

$\frac{4}{9} = \frac{\square}{63}$

15

$\frac{2}{7} = \frac{10}{\square}$

$\frac{5}{8} = \frac{75}{\square}$

16

$\frac{3}{4} = \frac{30}{\square}$

$\frac{6}{7} = \frac{48}{\square}$

17

$\frac{9}{17} = \frac{\square}{68}$

$\frac{16}{25} = \frac{128}{\square}$

18

Zahl a	30	55	89	130	191	1 300
$\frac{1}{4}$ a	$7\frac{2}{4}$					

Du hast ☐ Aufgaben richtig gelöst.

$\frac{3}{4} + \frac{5}{6} = \frac{9 + 10}{12} = \frac{19}{12} = 1\frac{7}{12}$ ✓ K: $\frac{19}{12} - \frac{5}{6} = \frac{19 - 10}{12} = \frac{9}{12} = \frac{3}{4}$

Kontrolliere mit der Umkehraufgabe. ✓ heißt: Ich habe kontrolliert, es stimmt.

1 $\frac{3}{4} + \frac{5}{8} =$ ______ K: ______

2 $\frac{5}{6} + \frac{1}{8} =$ ______ K: ______

3 $\frac{3}{8} + \frac{1}{6} =$ ______ K: ______

4 $\frac{1}{2} + \frac{4}{5} =$ ______ K: ______

5 $\frac{3}{5} + \frac{3}{8} =$ ______ K: ______

6 $\frac{1}{6} + \frac{5}{7} =$ ______ K: ______

Auswendig!

7

·	5		8	16	3		12	7	9
25									
		52			39				
15						90			

Rechentrick bei (+) und (–) (siehe Seite 7 und 15).

8

5,60 € – 2,99 € = ______

3,25 € – 1,98 € = ______

9,99 € – 5,85 € = ______

7,20 € – 3,99 € = ______

9

3,56 € + 1,99 € = ______

7,99 € + 2,50 € = ______

8,20 € + 1,98 € = ______

6,43 € + 3,99 € = ______

$$\frac{5}{6} - \frac{3}{4} = \frac{10-9}{12} = \frac{1}{12} \checkmark \qquad K: \frac{1}{12} + \frac{3}{4} = \frac{1+9}{12} = \frac{10}{12} = \frac{5}{6}$$

Kontrolliere mit der Umkehraufgabe.

1 $\frac{3}{4} - \frac{1}{5} =$ ______ K: ______

2 $\frac{3}{4} - \frac{3}{7} =$ ______ K: ______

3 $\frac{5}{8} - \frac{2}{5} =$ ______ K: ______

4 $\frac{5}{7} - \frac{3}{5} =$ ______ K: ______

5 $\frac{7}{9} - \frac{3}{4} =$ ______ K: ______

6 $\frac{5}{6} - \frac{2}{7} =$ ______ K: ______

7 Merke:

$2 \cdot 75 =$	$3 \cdot 75 =$	$5 \cdot 75 =$
$4 \cdot 75 =$	$6 \cdot 75 =$	$10 \cdot 75 =$
$8 \cdot 75 =$	$12 \cdot 75 =$	$20 \cdot 75 =$

Rechne von unten nach oben oder von oben nach unten.
Addiere zur Kontrolle in umgekehrter Richtung.

8	9	10	11
2,50	16,50	155,50	2,75
+ 6,99	+ 6,90	+ 83,—	+ 20,—
+ 1,17	+ 1,35	+ 56,35	+ 1,98
+ 12,80	+ 12,60	+ 399,—	+ 0,99
+ 2,99	+ 3,98	+ 16,80	+ 6,50
+ 0,99	+ 1,10	+ 105,—	+ 17,38

a) $3 \cdot \frac{1}{4} = \frac{3}{4}$ b) $20 \cdot \frac{3}{8} = \frac{60}{8} = 7\frac{1}{2}$ c) $\frac{3}{\cancel{4}_2} \cdot \frac{\cancel{2}^1}{7} = \frac{3}{14}$

1

$5 \cdot \frac{1}{8} =$ ______

$3 \cdot \frac{5}{7} =$ ______

$4 \cdot \frac{7}{9} =$ ______

$6 \cdot \frac{5}{16} =$ ______

$5 \cdot \frac{9}{17} =$ ______

$9 \cdot \frac{4}{25} =$ ______

2

$10 \cdot \frac{1}{4} =$ ______

$20 \cdot \frac{5}{6} =$ ______

$10 \cdot \frac{3}{4} =$ ______

$30 \cdot \frac{2}{7} =$ ______

$50 \cdot \frac{1}{2} =$ ______

$40 \cdot \frac{1}{3} =$ ______

3

$\frac{3}{4} \cdot \frac{3}{8} =$ ______

$\frac{5}{7} \cdot \frac{1}{4} =$ ______

$\frac{4}{5} \cdot \frac{1}{2} =$ ______

$\frac{5}{6} \cdot \frac{1}{8} =$ ______

$\frac{7}{9} \cdot \frac{3}{4} =$ ______

$\frac{5}{16} \cdot \frac{2}{5} =$ ______

Rechentrick bei : (siehe Seite 18)

4

4 2~~00~~ : 7~~00~~ =

35 000 : 500 =

2 400 : 60 =

27 000 : 900 =

5

2 700 : 300 =

560 : 80 =

2 800 : 400 =

450 : 50 =

6

21 000 : 700 =

2 100 : 300 =

48 000 : 600 =

7 200 : 80 =

7

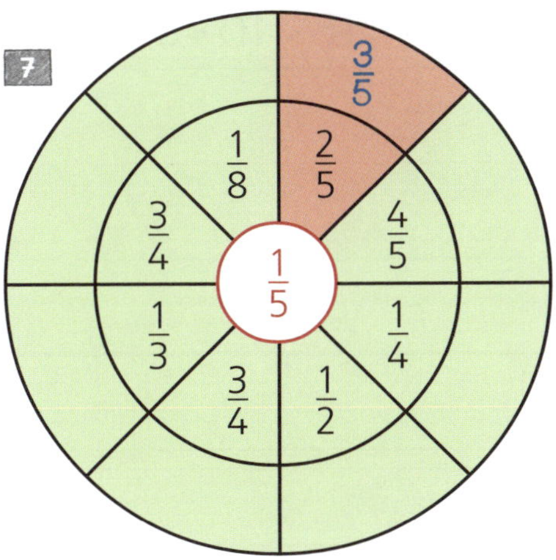

8

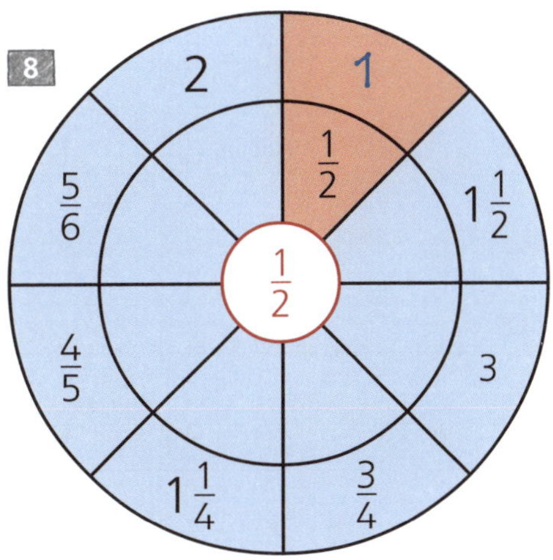

a) $\frac{3}{4} : 5 = \frac{3}{4 \cdot 5} = \frac{3}{20}$ b) $\frac{3}{4} : \frac{1}{8} = \frac{3}{4} \cdot \frac{8}{1} = \frac{24}{4} = 6$

1 $\frac{3}{4} : 6 =$ ______

2 $\frac{2}{5} : 4 =$ ______

3 $\frac{5}{12} : 7 =$ ______

4 $\frac{7}{15} : 8 =$ ______

5 $\frac{3}{8} : 6 =$ ______

6 $\frac{6}{25} : 5 =$ ______

7 $\frac{3}{4} : \frac{1}{2} =$ ______

8 $\frac{5}{12} : \frac{3}{8} =$ ______

9 $\frac{7}{9} : \frac{4}{5} =$ ______

10 $\frac{12}{25} : \frac{3}{7} =$ ______

11 $\frac{7}{12} : \frac{5}{6} =$ ______

12 $\frac{6}{15} : \frac{3}{5} =$ ______

13

·			
5			
4		100	
8			600
3	45		
6			
7			

14

:	60	40	70
320	$5\frac{20}{60}$		
			6
		$8\frac{30}{40}$	
300			
		7	
			9

15 ______ $: 40 = 8\frac{3}{4}$ K: $8\frac{3}{4} \cdot 40 = \frac{35}{4} \cdot 40 = 35 \cdot 10 = 350$

16 ______ $: 60 = 6\frac{1}{6}$ K: ______

17 ______ $: 70 = 4\frac{2}{7}$ K: ______

18 ______ $: 80 = 4\frac{3}{8}$ K: ______

19 ______ $: 30 = 9\frac{4}{5}$ K: ______

20 ______ $: 70 = 7\frac{9}{10}$ K: ______

$$2\tfrac{1}{4} : 1\tfrac{5}{8} = \frac{9}{4} : \frac{13}{8} = \frac{9}{4} \cdot \frac{8}{13} = \frac{72}{52} = 1\tfrac{20}{52} = 1\tfrac{5}{13}$$

1 $3\tfrac{1}{2} : \tfrac{3}{8} =$ ____________________

2 $2\tfrac{1}{2} : 1\tfrac{1}{6} =$ ____________________

3 $3\tfrac{1}{3} : 2\tfrac{5}{6} =$ ____________________

4 $4\tfrac{5}{7} : \tfrac{3}{4} =$ ____________________

5 $3\tfrac{3}{4} : 2\tfrac{3}{5} =$ ____________________

6 $5\tfrac{3}{12} : 1\tfrac{2}{3} =$ ____________________

7 $2\tfrac{5}{6} : \tfrac{7}{9} =$ ____________________

8 $3\tfrac{4}{25} : 2\tfrac{1}{2} =$ ____________________

Rechentrick bei ⊙ mal

Beispiel:

schwer: 6,99 € · 5 =

leicht: 7 € · 5 = 35 € 35 € – 5 ct = 34,95 €

Zuerst 7 € · 5, dann – 5 ct.

9

6,99 € · 3 =

3,99 € · 5 =

1,99 € · 9 =

2,99 € · 7 =

4,99 € · 8 =

8,99 € · 2 =

10

10,99 € · 3 =

4,99 € · 6 =

12,99 € · 4 =

5,99 € · 2 =

13,99 € · 3 =

7,99 € · 7 =

11

3,98 € · 4 =

1,98 € · 8 =

5,98 € · 6 =

4,95 € · 5 =

9,95 € · 2 =

6,95 € · 7 =

$\frac{6}{7} : \frac{3}{4} = \frac{\cancel{6}^{2}}{7} \cdot \frac{4}{\cancel{3}_{1}} = \frac{8}{7} = 1\frac{1}{7}$ ✓ K: $1\frac{1}{7} \cdot \frac{3}{4} = \frac{8}{7} \cdot \frac{3}{4} = \frac{24}{28} = \frac{6}{7}$

Kontrolliere mit der Umkehraufgabe.

1* $\frac{3}{4} : 7 =$ ____________________ K: ____________________

2 $\frac{3}{5} : \frac{1}{6} =$ ____________________ K: ____________________

3 $\frac{7}{12} : 3 =$ ____________________ K: ____________________

4 $\frac{5}{8} : \frac{0}{4} =$ ____________________ K: ____________________

5 $\frac{1}{4} : \frac{4}{5} =$ ____________________ K: ____________________

6 $\frac{8}{15} : 3 =$ ____________________ K: ____________________

Auswendig!

7

·		4	8			9		5	
		300							1 500
25				75					
					0		84	60	
15	90								300

Rechne von unten nach oben oder von oben nach unten.
Addiere zur Kontrolle in umgekehrter Richtung.

8

3,65
+ 1,09
+ 12,50
+ 23,—
+ 7,99
+ 0,98

9

125,—
+ 96,—
+ 37,90
+ 118,—
+ 96,50

10

1,99
+ 17,60
+ 3,36
+ 9,99
+ 15,—

11

1,66
+ 0,99
+ 3,44
+ 10,—
+ 8,97
+ 3,99

1* bis **6** Schreibe „n. l.“ bei nicht lösbaren Aufgaben.

Kontrolliere mit der Umkehraufgabe.

1 517 − 399 = ______ K: ______ + 399 = 517

2 236 + 498 = ______ K: ______

3 $1\frac{2}{5} - \frac{1}{4} =$ ______ K: ______

4 $\frac{5}{6} + 1\frac{1}{2} =$ ______ K: ______

5 216 · 3 = ______ K: ______

6 200 : 25 = ______ K: ______

7 $\frac{3}{7} : \frac{1}{4} =$ ______ K: ______

8 $\frac{5}{12} \cdot \frac{3}{5} =$ ______ K: ______

9

$11^2 =$

$12^2 =$

$13^2 =$

$14^2 =$

$15^2 =$

10

$3^3 =$

$4^3 =$

$5^3 =$

$6^3 =$

$10^3 =$

11

$2^4 =$

$2^5 =$

$2^6 =$

$2^7 =$

$2^8 =$

12

$3^4 =$

$3^5 =$

$4^4 =$

$5^4 =$

$10^1 =$

Rechentrick bei (+) (−) (·) (siehe Seite 7, 15 und 29)

13

24,50 € + 4,99 € =

6,85 € + 1,98 € =

17,80 € − 3,99 € =

7,33 € − 2,98 € =

14

2,99 € · 6 =

7,98 € · 2 =

4,99 € · 5 =

8,98 € · 3 =

15

+	75	49		
	150		200	
		144		245

16

−		36	99	
120	65			0
		164		

A	C	D	E	G	H	I	L	N	O	P	R	S	T	U	W	.
0	$\frac{3}{20}$	$\frac{1}{4}$	$\frac{4}{5}$	1	16	87	144	169	196	225	300	388	585	600	625	1 000

$189 + 199 =$	$494 - 350 =$	$13^2 =$
$14^2 =$	$12^2 =$	$\frac{1}{32} \cdot 8 =$
$3 \cdot 75 =$	$125 \cdot 5 =$	$97 : \frac{1}{4} =$
$4 : \frac{1}{4} =$	$174 : 2 =$	$\frac{3}{5} : \frac{9}{15} =$
$386 - 299 =$	$\frac{5}{28} : \frac{5}{7} =$	$35 : \frac{7}{60} =$
$\frac{17}{40} : \frac{3}{8} =$	$\frac{21}{20} - \frac{1}{4} =$	$8 \cdot 75 =$
$194 \cdot 2 =$	$400 \cdot \frac{3}{4} =$	$624 - 399 =$
$\frac{3}{4} \cdot \frac{1}{5} =$	$887 - 499 =$	$15^2 =$
$64 : 4 =$	$165 + 420 =$	$\frac{24}{5} : 6 =$
$128 + 68 =$	$3\frac{1}{2} \cdot \frac{0}{7} =$	$468 + 532 =$

_ _ _ _ _ _   _ _ _ _ _ _ wurde am 22.2.1943 mit ihrem Bruder Hans in München hingerichtet, weil sie sich mit der

_ _ _ _ _ _ _ _ _ _ _ _ _ _ _ _ _ „Weiße Rose“ gegen

den Naziterror wehrte _

1

·	9	12	15	7	30	20	6	13	50
4	36	48	60	28	120	80	24	52	200
8	72	96	120	56	240	160	48	104	400
10	90	120	150	70	300	200	60	130	500
20	180	240	300	140	600	400	120	260	1000
7	63	84	105	49	210	140	42	91	350
50	450	600	750	350	1500	1 000	300	650	2 500
9	81	108	135	63	270	180	54	117	450

✓ heißt: Ich habe kontrolliert, es stimmt.

2* 50 ✓ · 7 = 350 350:7=50
12 · 5 = 60 60:5=12
60 · 3 = 180 180:3=60
40 · 2 = 80 80:2=40
· 0 = 900 n.l.
15 · 6 = 90 90:6=15

3 9 · 70 = 630 630:70=9
4 · 14 = 56 56:14=4
8 · 30 = 240 240:30=8
7 · 1 = 7 7:1=7
1 · 88 = 88 88:88=1
5 · 90 = 450 450:90=5

4 795 + 6 = 801
388 + 7 = 395
593 + 8 = 601
978 + 9 = 987

5 412 – 30 = 382
806 – 10 = 796
333 – 50 = 283
627 – 30 = 597

6 735 – 120 = 615
341 – 240 = 101
666 – 370 = 296
207 – 140 = 67

7

Zahl a	50	100	60	200	130	70	1000	90
$\frac{1}{5}$a	10 ✓	20	12	40	26	14	200	18
$\frac{3}{5}$a	30 ✓	60	36	120	78	42	600	54
$\frac{4}{5}$a	40 ✓	80	48	160	104	56	800	72

2 *Schreibe „n. l." bei nicht lösbaren Aufgaben.

3

1

·	5	10	8	3	6	0	20	7	50
13	65	130	104	39	78	0	260	91	650
30	150	300	240	90	180	0	600	210	1500
33	165	330	264	99	198	0	660	231	1650

2
7 · 35 = 245
210 / 35
7 · 53 = 371
350 / 21
7 · 39 = 273
210 / 63
7 · 23 = 161
140 / 21

3
23 · 8 = 184
160 / 24
32 · 8 = 256
240 / 16
53 · 8 = 424
400 / 24
35 · 8 = 280
240 / 40

4*
113 · 6 = 678
600 / 78
0 · = 133
n.l.
313 · 3 = 939
900 / 39
13 · 30 = 390
300 / 90

5 2,50 € + 0,90 € + 1,30 € = 4,70 €
1,49 € + 5 € + 0,15 € = 6,64 €
0,85 € + 2,10 € + 6,50 € = 9,45 €
1,99 € + 2,99 € + 0,50 € = 5,48 €

6 3 km 50 m + 380 m = 3 430 m
2 300 m + 4,080 km = 6 380 m
6,300 km + 790 m = 7 090 m
0,590 km + 2 700 m = 3 290 m

7
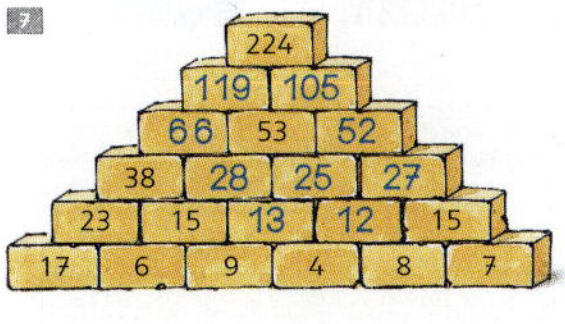

8
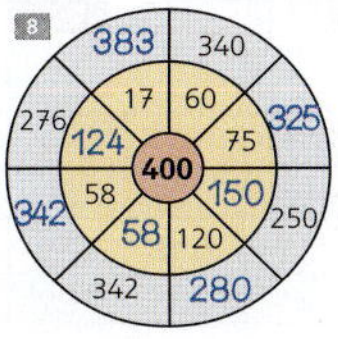

4

4 *Schreibe „n. l." bei nicht lösbaren Aufgaben.

1

·	5	3	10	7	9	1	6	8	11
60	300	180	600	420	540	60	360	480	660
16	80	48	160	112	144	16	96	128	176
66	330	198	660	462	594	66	396	528	726

2 65 · 4 = 260
240 / 20
63 · 4 = 252
240 / 12
62 · 9 = 558
540 / 18
65 · 6 = 390
360 / 30

3 26 · 9 = 234
180 / 54
36 · 8 = 288
240 / 48
46 · 7 = 322
280 / 42
56 · 6 = 336
300 / 36

4 4 · 116 = 464
400 / 64
3 · 206 = 618
600 / 18
5 · 360 = 1 800
1500 / 300
2 · 216 = 432
400 / 32

5 85 + 19 = 104
85 + 119 = 204
285 + 119 = 404
685 + 119 = 804

6 66 + 18 = 84
166 + 18 = 184
366 + 118 = 484
766 + 218 = 984

7 86 + 17 = 103
86 + 117 = 203
486 + 217 = 703
586 + 317 = 903

8 52 – 15 = 37
152 – 115 = 37
552 – 215 = 337
852 – 515 = 337

9 34 – 16 = 18
234 – 16 = 218
434 – 116 = 318
934 – 616 = 318

10 110 – 19 = 91
310 – 19 = 291
610 – 119 = 491
710 – 419 = 291

11

Zahl b	60	600	180	420	120	360	300
$\frac{1}{6}$b	10 ✓	100	30	70	20	60	50
$\frac{5}{6}$b	50	500	150	350	100	300	250
$\frac{1}{60}$b	1	10	3	7	2	6	5

5

1

·	5	10	3	6	9	7	4	20	100
8	40	80	24	48	72	56	32	160	800
80	400	800	240	480	720	560	320	1600	8000
40	200	400	120	240	360	280	160	800	4000
14	70	140	42	84	126	98	56	280	1 400

Bei **2** und **3** muss der Rest auch dividiert werden. Schreibe den Rest als ungekürzten Bruch. Beispiel: 59 : 8 = 7 Rest 3 3 : 8 = $\frac{3}{8}$

2

59 : 8 = $7\frac{3}{8}$ **K:** 7 · 8 + 3 = 59
25 : 8 = $3\frac{1}{8}$ K: 3 · 8 + 1 = 25
45 : 8 = $5\frac{5}{8}$ K: 5 · 8 + 5 = 45
64 : 8 = 8 K: 8 · 8 = 64
34 : 8 = $4\frac{2}{8}$ K: 4 · 8 + 2 = 34
76 : 8 = $9\frac{4}{8}$ K: 9 · 8 + 4 = 76
23 : 8 = $2\frac{7}{8}$ K: 2 · 8 + 7 = 23
88 : 8 = 11 K: 11 · 8 = 88
62 : 8 = $7\frac{6}{8}$ K: 7 · 8 + 6 = 62

3

23 : 4 = $5\frac{3}{4}$ **K:** 5 · 4 + 3 = 23
17 : 4 = $4\frac{1}{4}$ K: 4 · 4 + 1 = 17
26 : 4 = $6\frac{2}{4}$ K: 6 · 4 + 2 = 26
15 : 4 = $3\frac{3}{4}$ K: 3 · 4 + 3 = 15
36 : 4 = 9 K: 9 · 4 = 36
18 : 4 = $4\frac{2}{4}$ K: 4 · 4 + 2 = 18
35 : 4 = $8\frac{3}{4}$ K: 8 · 4 + 3 = 35
22 : 4 = $5\frac{2}{4}$ K: 5 · 4 + 2 = 22
3 : 4 = $0\frac{3}{4}$ K: 0 · 4 + 3 = 3

4

$\frac{4}{4}$ $\frac{1}{4}$ $\frac{3}{4}$ $\frac{1}{8}$ $\frac{5}{8}$ $\frac{8}{8}$ $\frac{3}{8}$

5 Schreibe den Rest als Bruch.

Zahl y	64	50	32	35	44	90
$\frac{1}{4}$ y	16	$12\frac{2}{4}$/$12\frac{1}{2}$	8	$8\frac{3}{4}$	11	$22\frac{2}{4}$/$22\frac{1}{2}$
$\frac{1}{8}$ y	8	$6\frac{2}{8}$/$6\frac{1}{4}$	4	$4\frac{3}{8}$	$5\frac{4}{8}$/$5\frac{1}{2}$	$11\frac{2}{8}$/$11\frac{1}{4}$
$\frac{1}{10}$ y	$6\frac{4}{10}$/$6\frac{2}{5}$	5	$3\frac{2}{10}$/$3\frac{1}{5}$	$3\frac{5}{10}$/$3\frac{1}{2}$	$4\frac{4}{10}$/$4\frac{2}{5}$	$16\frac{5}{10}$/$16\frac{1}{2}$

Rechentrick bei (+) *plus* *

Beispiel 1:
schwer: 196 + 278 =
leicht: 200 + 274 = 474
Erste Zahl (+ 4)
Zweite Zahl (− 4)

Beispiel 2:
schwer: 574 + 398 =
leicht: 572 + 400 = 972
Zweite Zahl (+ 2)
Erste Zahl (− 2)

1

296 + 165 = 461 ✓
300 / 161 / 461
599 + 276 = 875
600 / 275 / 875
397 + 483 = 880
400 / 480 / 880
198 + 674 = 872
200 / 672 / 872

2

503 + 288 = 791
500 / 291 / 791
204 + 163 = 367
200 / 167 / 367
402 + 388 = 790
400 / 390 / 790
601 + 394 = 995
600 / 395 / 995

3

398 + 135 = 533
400 / 133 / 533
301 + 278 = 579
300 / 279 / 579
199 + 444 = 643
200 / 443 / 643
705 + 197 = 902
702 / 200 / 902

4

$4^4 = 4 \cdot 4 \cdot 4 \cdot 4 = 256$
$4^3 = 4 \cdot 4 \cdot 4 = 64$
$5^2 = 5 \cdot 5 = 25$
$2^4 = 2 \cdot 2 \cdot 2 \cdot 2 = 16$

5

$8^2 = 8 \cdot 8 = 64$
$10^4 = 10 \cdot 10 \cdot 10 \cdot 10 = 10\,000$
$3^3 = 3 \cdot 3 \cdot 3 = 27$
$6^2 = 6 \cdot 6 = 36$

6

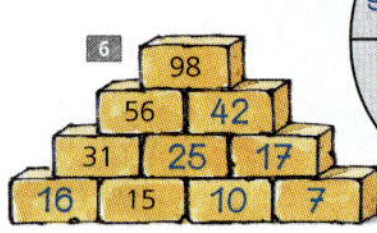

7

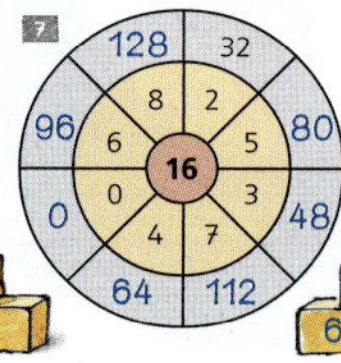

8

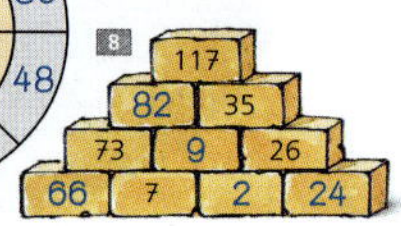

* An einfachen Zahlen überprüfen: 9 + 4 = 10 + 3 oder: 18 + 9 = 17 + 10

1

·	90	19	39
2	180	38	78
4	360	76	156
8	720	152	312
5	450	95	195
10	900	190	390
3	270	57	117
6	540	114	234
9	810	171	351
11	990	209	429
0	0	0	0
7	630	133	273
20	1800	380	780

2

:	9	Kontrolle: (Umkehraufgabe)
36	4 ✓	4 · 9 = 36
41	$4\frac{5}{9}$ ✓	4 · 9 + 5 = 41
70	$7\frac{7}{9}$	7 · 9 + 7 = 70
91	$10\frac{1}{9}$	10 · 9 + 1 = 91
80	$8\frac{8}{9}$	8 · 9 + 8 = 80
63	7	7 · 9 = 63
67	$7\frac{4}{9}$	7 · 9 + 4 = 67
56	$6\frac{2}{9}$	6 · 9 + 2 = 56
34	$3\frac{7}{9}$	3 · 9 + 7 = 34
81	9	9 · 9 = 81
83	$9\frac{2}{9}$	9 · 9 + 2 = 83
100	$11\frac{1}{9}$	11 · 9 + 1 = 100

3

1 kg 70 g + 350 g = 1 420 g
680 g + 2,300 kg = 2980 g
3,5 kg + 1 600 g = 5100 g
190 g + 5 kg 350 g = 5540 g

4

3 h 10 min + 1 h 50 min = 5 h
45 min + 2 h 10 min = 2 h 55 min
130 min + 1 h 20 min = 3 h 30 min
$1\frac{1}{2}$ h + 4 h 35 min = 6 h 5 min

5

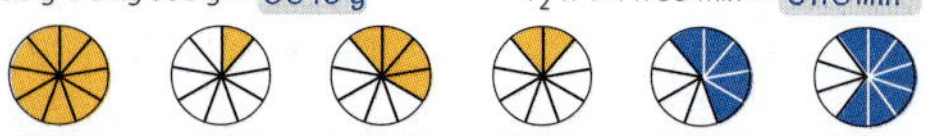

$\frac{9}{9}$ $\frac{1}{9}$ $\frac{4}{9}$ $\frac{2}{9}$ $\frac{5}{9}$ $\frac{7}{10}$

6

Zahl z	36	72	45	90	180	540	144
$\frac{1}{9}$ z	4 ✓	8	5	10	20	60	16
$\frac{3}{9}$ z	12 ✓	24	15	30	60	180	48
$\frac{6}{9}$ z	24	48	30	60	120	360	96
$\frac{7}{9}$ z	28	56	35	70	140	420	112

Rechentrick bei (+) (siehe Seite 7)

1

1,75 € + 3,99 € = 5,74 € ✓
1,74 / 4,00 / 5,74
3,87 € + 1,99 € = 5,86 €
3,86 / 2,00 / 5,86
2,99 € + 1,99 € = 4,98 €
3,00 / 1,98 / 4,98
8,23 € + 2,99 € = 11,22 €
8,22 / 3,00 / 11,22
5,55 € + 4,99 € = 10,54 €
5,54 / 5,00 / 10,54
4,38 € + 6,99 € = 11,37 €
4,37 / 7,00 / 11,37

2

5,98 € + 2,26 € = 8,24 €
6,00 / 2,24 / 8,24
3,97 € + 6,44 € = 10,41 €
4,00 / 6,41 / 10,41
2,66 € + 4,96 € = 7,62 €
2,62 / 5,00 / 7,62
5,99 € + 1,83 € = 7,82 €
6,00 / 1,82 / 7,82
3,45 € + 7,97 € = 11,42 €
3,42 / 8,00 / 11,42
6,98 € + 9,55 € = 16,53 €
7,00 / 9,53 / 16,53

3

$4^2 = 4 \cdot 4 = 16$
$5^3 = 5 \cdot 5 \cdot 5 = 125$
$10^3 = 10 \cdot 10 \cdot 10 = 1000$

4

$9^2 = 9 \cdot 9 = 81$
$3^4 = 3 \cdot 3 \cdot 3 \cdot 3 = 81$
$2^5 = 2 \cdot 2 \cdot 2 \cdot 2 \cdot 2 = 32$

5 *

5 · 18 + 5 = 95
n. l. · 18 + 3 = 58
6 · 18 + 9 = 117

6

10 · 16 + 1 = 161
5 · 16 + 7 = 87
8 · 16 + 2 = 130

7 *

3 · 90 + 8 = 278
0 · n. l. + 7 = 156
7 · 40 + 9 = 289

8

$\frac{1}{10}$ $\frac{5}{10}$ $\frac{7}{10}$ $\frac{9}{10}$

9

Zahl a	1 230	360	590	160	1 100	3500	670
$\frac{1}{10}$ a	123	36	59	16	110	350	67
$\frac{5}{10}$ a	615	180	295	80	550	1750	335
$\frac{7}{10}$ a	861	252	413	112	770	2450	469

5 * **7** * Schreibe „n. l." bei nicht lösbaren Aufgaben.

1

·	5	3	6	12	7	9	8	0	20
7	35	21	42	84	49	63	56	0	140
70	350	210	420	840	490	630	560	0	1400
17	85	51	102	204	119	153	136	0	340

Schreibe den Rest als Bruch. Beispiel: 60 : 17 = 3 R 9 $9 : 17 = \frac{9}{17}$

2

$60 : 17 = 3\frac{9}{17}$ ✓
K: 3 · 17 + 9 = 60
$50 : 17 = 2\frac{16}{17}$
K: 2 · 17 + 16 = 50
$45 : 17 = 2\frac{11}{17}$
K: 2 · 17 + 11 = 45
$99 : 17 = 5\frac{14}{17}$
K: 5 · 17 + 14 = 99

3

$110 : 17 = 6\frac{8}{17}$
K: 6 · 17 + 8 = 110
$130 : 17 = 7\frac{11}{17}$
K: 7 · 17 + 11 = 130
$140 : 17 = 8\frac{4}{17}$
K: 8 · 17 + 4 = 140
$160 : 17 = 9\frac{7}{17}$
K: 9 · 17 + 7 = 160

4

70 · 4 + 20 = 300
70 · 5 + 12 = 362
70 · 4 + 15 = 295
70 · 10 + 8 = 708
70 · 6 + 50 = 470
70 · 9 + 5 = 635
70 · 6 + 25 = 445
70 · 8 + 40 = 600

5

1 000 – 299 = 701
1 000 – 565 = 435
1 000 – 728 = 272
1 000 – 347 = 653

6

320 – 150 = 170
410 – 150 = 260
907 – 150 = 757
613 – 150 = 463

7

815 – 120 = 695
815 – 230 = 585
815 – 340 = 475
815 – 450 = 365

8 Schreibe den Rest als ungekürzten Bruch.
Beispiel: 65 : 6 = 10 R 5 $5 : 6 = \frac{5}{6}$

Zahl x	65	120	240	91	102	210	186
$\frac{1}{6}x$	$10\frac{5}{6}$	20	40	$15\frac{1}{6}$	17	35	31
$\frac{1}{7}x$	$9\frac{2}{7}$	$17\frac{1}{7}$	$34\frac{2}{7}$	13	$14\frac{4}{7}$	30	$26\frac{4}{7}$
$\frac{1}{8}x$	$8\frac{1}{8}$	15	30	$11\frac{3}{8}$	$12\frac{6}{8}$	$26\frac{2}{8}$	$23\frac{2}{8}$
$\frac{1}{10}x$	$6\frac{5}{10}$	12	24	$9\frac{1}{10}$	$10\frac{2}{10}$	21	$18\frac{6}{10}$

1 3 · 25 = 75
60 / 15
5 · 25 = 125
100 / 25
8 · 25 = 200
160 / 40

2 4 · 25 = 100
80 / 20
6 · 25 = 150
120 / 30
10 · 25 = 250
200 / 50

3 9 · 25 = 225
180 / 45
7 · 25 = 175
140 / 35
12 · 25 = 300
250 / 50

4 Merke:

4 · 25 = 100 3 · 25 = 75 10 · 25 = 250
8 · 25 = 200 6 · 25 = 150 20 · 25 = 500
16 · 25 = 400 12 · 25 = 300 40 · 25 = 1000

Rechentrick bei + (siehe Seite 7)

5 399 + 238 = 637
400 / 237 / 637
257 + 698 = 955
255 / 700 / 955

6 12,99 € + 4,50 € = 17,49 €
13,00 / 4,49 / 17,49
16,20 € + 3,98 € = 20,18 €
16,18 / 4,00 / 20,18

Rechne so weit du kannst. Fertig, los!

7

$3^2 + 1 =$ 10
$3^3 + 3 =$ 30
$3^4 + 9 =$ 90
$3^5 + 7 =$ 250
$3^6 + 1 =$ 730
$3^7 + 3 = 2190$
$3^8 + 9 = 6570$

8

10 · 25 + 10 = 260
12 · 25 + 20 = 320
14 · 25 + 30 = 380
16 · 25 + 40 = 440
18 · 25 + 50 = 500
20 · 25 + 60 = 560
22 · 25 + 70 = 620

9

4000 : 2 = 2000
3800 : 2 = 1900
3600 : 2 = 1800
3400 : 2 = 1700
3200 : 2 = 1600
3000 : 2 = 1500
2800 : 2 = 1400

A	B	C	E	F	I	L	M	N	O	P	R	S	U	W	Z	.
0	1	4	5	6	7	8	9	81	125	150	228	235	375	468	482	1 000

108 : 12 = 9 M
0 : 73 = 0 A
6 · 38 = 228 R
490 : 70 = 7 I
80 : 16 = 5 E
100 : 25 = 4 C
276 + 99 = 375 U
430 – 202 = 228 R
660 – 653 = 7 I
125 : 25 = 5 E

102 : 17 = 6 F
$10^3 - 772 =$ 228 R
486 – 486 = 0 A
500 – 125 = 375 U
299 + 183 = 482 Z
1 000 – 532 = 468 W
90 : 18 = 5 E
560 : 80 = 7 I
$9^2 =$ 81 N
$5^3 =$ 125 O

179 – 178 = 1 B
95 : 19 = 5 E
720 : 90 = 8 L
6 · 25 = 150 P
76 · 3 = 228 R
368 – 363 = 5 E
175 : 25 = 7 I
47 · 5 = 235 S
$5^4 - 620 =$ 5 E
$10^3 - 0 =$ 1000 .

MARIE CURIE ist die einzige FRAU, die ZWEI NOBELPREISE (1903 für Physik und 1911 für Chemie) erhielt .

1

Zahl b	42	84	105	140	91	119	175	133
$\frac{1}{7}b$	6 ✓	12	15	20	13	17	25	19
$\frac{2}{7}b$	12 ✓	24	30	40	26	34	50	38
$\frac{3}{7}b$	18	36	45	60	39	51	75	57
$\frac{5}{7}b$	30	60	75	100	65	85	125	95
$\frac{6}{7}b$	36	72	90	120	78	102	150	114

2

10 · 25 = 250
20 · 25 = 500
40 · 25 = 1000
30 · 25 = 750

3

4 · 25 = 100
8 · 25 = 200
16 · 25 = 400
32 · 25 = 800

4

3 · 25 = 75
6 · 25 = 150
12 · 25 = 300
24 · 25 = 600

5

3,99 + 2,50 = 6,49
1,99 + 7,60 = 9,59
2,98 + 4,35 = 7,33

6

3,15 + 2,99 = 6,14
2,60 + 5,98 = 8,58
5,30 + 2,98 = 8,28

7

1,97 + 2,30 = 4,27
4,88 + 2,98 = 7,86
6,95 + 2,66 = 9,61

8*

9 · 1 = 9
7 · 0 = 0
8 · n.l. = 1

9

54 : 18 = 3
126 : 14 = 9
102 : 17 = 6

10*

4 · 19 = 76
n.l. · 0 = 39
5 · 16 = 80

11

15 · 6 + 3 = 93
25 · 5 + 8 = 133
13 · 7 + 9 = 100

12 Schreibe den Rest als ungekürzten Bruch.
Beispiel: 75 : 10 = 7 R 5 $5 : 10 = \frac{5}{10}$

Zahl c	75	120	150	200	60	92	160
$\frac{1}{10}c$	$7\frac{5}{10}$	12	15	20	6	$9\frac{2}{10}$	16
$\frac{1}{4}c$	$18\frac{3}{4}$	30	$37\frac{2}{4}$	50	15	23	40
$\frac{1}{25}c$	3	$4\frac{20}{25}$	6	8	$2\frac{10}{25}$	$3\frac{17}{25}$	$6\frac{10}{25}$
$\frac{1}{2}c$	$37\frac{1}{2}$	60	75	100	30	46	80

8* 10* Schreibe „n. l." bei nicht lösbaren Aufgaben.

Das Übungsheft 6 – Lösungen (Seite 14–17)

Mathe-fit-Test 1

1

Zahl y	80	120	150	90	250	140	540
$\frac{1}{10}$y	8	12	15	9	25	14	54
$\frac{5}{10}$y	40	60	75	45	125	70	270
$\frac{7}{10}$y	56	84	105	63	175	98	378
$\frac{9}{10}$y	72	108	135	81	225	126	486

2
$3^3 = 3 \cdot 3 \cdot 3 = 27$
$2^6 = 2 \cdot 2 \cdot 2 \cdot 2 \cdot 2 \cdot 2 = 64$
$7^2 = 7 \cdot 7 = 49$
$3^4 = 3 \cdot 3 \cdot 3 \cdot 3 = 81$

3
$8^1 = 8 = 8$
$2^5 = 2 \cdot 2 \cdot 2 \cdot 2 \cdot 2 = 32$
$4^3 = 4 \cdot 4 \cdot 4 = 64$
$5^4 = 5 \cdot 5 \cdot 5 \cdot 5 = 625$

4
498 + 365 = 863
500/363/863
487 + 295 = 782
482/300/782

5
14,99 € + 3,25 € = 18,24 €
15,00/3,24/18,24
6,10 € + 9,98 € = 16,08 €
6,08/10,00/16,08

6
1 000 – 350 = 650
1 000 – 465 = 535
1 000 – 628 = 372

7
540 – 68 = 472
620 – 75 = 545
704 – 92 = 612

8
733 – 300 = 433
733 – 440 = 293
733 – 568 = 165

9
64 : 16 = 4
96 : 12 = 8
75 : 25 = 3

10
5 · 17 + 3 = 88
9 · 14 + 4 = 130
3 · 19 + 8 = 65

11*
7 · n.l. + 12 = 97
8 · n.l. + 1 = 0
3 · 0 + 17 = 17

12

Zahl e	65	40	70	28	39	90
$\frac{1}{3}$e	$21\frac{2}{3}$	$13\frac{1}{3}$	$23\frac{1}{3}$	$9\frac{1}{3}$	13	30
$\frac{1}{5}$e	13	8	14	$5\frac{3}{5}$	$7\frac{4}{5}$	18
$\frac{1}{8}$e	$8\frac{1}{8}$	5	$8\frac{6}{8}$	$3\frac{4}{8}$	$4\frac{7}{8}$	$11\frac{2}{8}$

11 *Schreibe „n. l." bei nicht lösbaren Aufgaben.

14

Du hast ☐ Aufgaben richtig gelöst.

Rechentrick bei (–) minus*

Beispiel 1:
schwer: 347 – 196 =
leicht: 351 – 200 = 151

Beispiel 2:
schwer: 802 – 588 =
leicht: 800 – 586 = 214

Achtung: Bei *minus* beide Zahlen gleichmäßig verändern!

Zweite Zahl (+4)
Erste Zahl (+4)

Erste Zahl (–2)
Zweite Zahl (–2)

1
548 – 397 = 151
551 – 400 = 151
362 – 199 = 163
363 – 200 = 163
738 – 498 = 240
740 – 500 = 240
475 – 397 = 78
478 – 400 = 78

2
799 – 556 = 243
800 – 557 = 243
602 – 357 = 245
600 – 355 = 245
898 – 174 = 724
900 – 176 = 724
301 – 286 = 15
300 – 285 = 15

3
925 – 795 = 130
930 – 800 = 130
299 – 164 = 135
300 – 165 = 135
602 – 427 = 175
600 – 425 = 175
550 – 399 = 151
551 – 400 = 151

4

$\frac{1}{3}$ $\frac{1}{6}$ $\frac{2}{3}$ $\frac{3}{6}$ $\frac{5}{6}$ $\frac{4}{6}$

5

Zahl a	120	90	42	180	54	360	2 400	6 000
$\frac{1}{3}$a	40	30	14	60	18	120	800	2000
$\frac{2}{3}$a	80	60	28	120	36	240	1600	4000
$\frac{1}{6}$a	20	15	7	30	9	60	400	1000
$\frac{3}{6}$a	60	45	21	90	27	180	1200	3000
$\frac{5}{6}$a	100	75	35	150	45	300	2000	5000

* An einfachen Zahlen überprüfen: 13 – 7 = 10 – 4 oder: 29 – 7 = 30 – 8

15

1

·	3	13
3	9	39
7	21	91
9	27	117
0	0	0
8	24	104

2

·	3	30
5	15	150
20	60	600
6	18	180
4	12	120
12	36	360

Erweitere mit 3:

3

·	6	16
4	24	64
8	48	128
3	18	48
6	36	96
11	66	176

4

·	6	60
5	30	300
20	120	1200
9	54	540
15	90	900
7	42	420

Erweitere mit 6:

5
$\frac{3}{7} = \frac{9}{21}$
$\frac{2}{15} = \frac{6}{45}$
$\frac{5}{7} = \frac{15}{21}$
$\frac{4}{14} = \frac{12}{42}$

6
$\frac{6}{11} = \frac{18}{33}$
$\frac{8}{9} = \frac{24}{27}$
$\frac{3}{12} = \frac{9}{36}$
$\frac{13}{16} = \frac{39}{48}$

7
$\frac{3}{7} = \frac{18}{42}$
$\frac{6}{15} = \frac{36}{90}$
$\frac{5}{12} = \frac{30}{72}$
$\frac{3}{8} = \frac{18}{48}$

8
$\frac{2}{25} = \frac{12}{150}$
$\frac{4}{7} = \frac{24}{42}$
$\frac{9}{13} = \frac{54}{78}$
$\frac{17}{20} = \frac{102}{120}$

Rechentrick bei (–) Denke daran: Du musst beide Zahlen … (siehe Seite 15)

9
16,50 € – 2,99 € = 13,51 €
16,51 € – 3,00 € = 13,51 €
6,23 € – 1,99 € = 4,24 €
6,24 € – 2,00 € = 4,24 €
34,90 € – 6,98 € = 27,92 €
34,92 € – 7,00 € = 27,92 €
8,78 € – 3,99 € = 4,79 €
8,79 € – 4,00 € = 4,79 €
52,60 € – 9,99 € = 42,61 €
52,61 € – 10,00 € = 42,61 €
27,35 € – 5,98 € = 21,37 €
27,37 € – 6,00 € = 21,37 €

10
7,50 m – 399 cm = 3,51 m
7,51 m – 4,00 m = 3,51 m
3,15 m – 99 cm = 2,16 m
3,16 m – 1 m = 2,16 m
10,83 m – 2,98 m = 7,85 m
10,85 m – 3,00 m = 7,85 m
6,05 m – 197 cm = 4,08 m
6,08 m – 2,00 m = 4,08 m
13,66 m – 6,99 m = 6,67 m
13,67 m – 7,00 m = 6,67 m
750 cm – 4,98 m = 2,52 m
7,52 m – 5,00 m = 2,52 m

16

1

·	3	5	10	4	0	1	7	20
65	195	325	650	260	0	65	455	1300
116	348	580	1 160	464	0	116	812	2320
36	108	180	360	144	0	36	252	720
56	168	280	560	224	0	56	392	1 120

2
102 : 6 = 17
60/42
117 : 9 = 13
90/27
133 : 7 = 19
70/63

3
96 : 12 = 8
120 : 12 = 10
135 : 15 = 9
120 : 15 = 8
150 : 25 = 6
175 : 25 = 7

4
8 · 14 = 112
7 · 16 = 112
6 · 12 = 72
7 · 15 = 105
9 · 12 = 108
8 · 25 = 200

Erweitern. Ergänze die fehlenden Zahlen (Zähler oder Nenner).

5
$\frac{5}{9} = \frac{25}{45}$
$\frac{7}{16} = \frac{28}{64}$
$\frac{3}{25} = \frac{15}{125}$

6
$\frac{7}{15} = \frac{63}{135}$
$\frac{9}{12} = \frac{72}{96}$
$\frac{17}{60} = \frac{102}{360}$

7
$\frac{13}{25} = \frac{78}{150}$
$\frac{12}{15} = \frac{84}{105}$
$\frac{10}{12} = \frac{90}{108}$

8
$\frac{9}{16} = \frac{54}{96}$
$\frac{11}{13} = \frac{77}{91}$
$\frac{14}{15} = \frac{70}{75}$

Rechentrick bei (–) (siehe Seite 15)

9
7,98 € – 3,46 € = 4,52 €
8 € – 3,48 € = 4,52 €
16,99 € – 5,53 € = 11,46 €
17,00 € – 5,54 € = 11,46 €
9,74 € – 5,98 € = 3,76 €
9,76 € – 6,00 € = 3,76 €

10
25,85 € – 3,99 € = 21,86 €
25,86 € – 4,00 € = 21,86 €
9,99 € – 7,06 € = 2,93 €
10,00 € – 7,07 € = 2,93 €
30,70 € – 20,98 € = 9,72 €
30,72 € – 21,00 € = 9,72 €

17

1

+	18	24	70	47
55	73	79	125	102
76	94	100	146	123
48	66	72	118	95
97	115	121	167	144

2*

−	25	40	62	78
100	75	60	38	22
83	58	43	21	5
74	49	34	12	n.l.
96	71	56	34	18

Kürze so weit wie möglich.

3 $\frac{12}{16} = \frac{3}{4}$ $\frac{16}{24} = \frac{2}{3}$ $\frac{3}{9} = \frac{1}{3}$ $\frac{14}{21} = \frac{2}{3}$

4 $\frac{10}{15} = \frac{2}{3}$ $\frac{4}{18} = \frac{2}{9}$ $\frac{20}{26} = \frac{10}{13}$ $\frac{9}{12} = \frac{3}{4}$

5 $\frac{16}{32} = \frac{1}{2}$ $\frac{16}{28} = \frac{4}{7}$ $\frac{24}{40} = \frac{3}{5}$ $\frac{7}{13} = \frac{7}{13}$

6 $\frac{48}{72} = \frac{2}{3}$ $\frac{6}{12} = \frac{1}{2}$ $\frac{5}{20} = \frac{1}{4}$ $\frac{10}{100} = \frac{1}{10}$

Rechentrick bei (:) geteilt durch

Beispiel:

schwer: 36 000 : 400 = Kürze durch 10, 100 oder …

leicht: 360 : 4 = 90

7
36 000 : 300 = 120
36 000 : 30 = 1200
36 000 : 3 000 = 12
2 700 : 900 = 3
2 700 : 90 = 30
2 700 : 9 = 300
32 000 : 8 000 = 4
32 000 : 80 = 400
32 000 : 800 = 40

8
560 : 80 = 7
560 : 70 = 8
560 : 20 = 28
48 000 : 800 = 60
48 000 : 80 = 600
48 000 : 8 000 = 6
2 400 : 4 = 600
2 400 : 400 = 6
2 400 : 40 = 60

9
2 400 : 80 = 30
12 000 : 400 = 30
480 : 40 = 12
57 000 : 7 000 = 8
2 100 : 300 = 7
45 000 : 9 000 = 5
21 000 : 700 = 30
1 800 : 60 = 30
40 000 : 8 000 = 5

2 *Schreibe „n. l." bei nicht lösbaren Aufgaben.

1

·	12	25
3	36	75
8	96	200
5	60	125
7	84	175
4	48	100
9	108	225
20	240	500

2
50 : 16 = $3\frac{2}{16}$ K: $3 \cdot 16 + 2 = 50$
50 : 17 = $2\frac{16}{17}$ K: $2 \cdot 17 + 16 = 50$
50 : 18 = $2\frac{14}{18} = 2\frac{7}{9}$ K: $2 \cdot 18 + 14 = 50$
50 : 19 = $2\frac{12}{19}$ K: $2 \cdot 19 + 12 = 50$
101 : 14 = $7\frac{3}{14}$ K: $7 \cdot 14 + 3 = 101$
169 : 18 = $9\frac{7}{18}$ K: $9 \cdot 18 + 7 = 169$
126 : 15 = $8\frac{6}{15}$ K: $8 \cdot 15 + 6 = 126$
85 : 13 = $6\frac{7}{13}$ K: $6 \cdot 13 + 7 = 85$

Bei einigen Aufgaben kannst du einen Rechentrick anwenden. Kreuze diese Aufgaben zuerst an.

3
667 – 280 = 387
467 / 387
✗ 573 – 199 = 374
574 - 200
482 – 350 = 132
182 / 132
✗ 899 – 675 = 224
900 - 676

4
✗ 713 – 398 = 315
715 - 400
345 – 135 = 210
245 / 210
✗ 661 – 299 = 362
662 - 300
✗ 533 – 218 = 315
535 - 220 335/315

5
957 – 723 = 234
257 / 234
✗ 498 – 178 = 320
500 - 180
820 – 245 = 575
620 / 575
✗ 764 – 598 = 166
766 - 600

6 $8^2 = 64$ $9^2 = 81$ $10^2 = 100$ $11^2 = 121$ $12^2 = 144$ $13^2 = 169$ $14^2 = 196$ $15^2 = 225$

7 Schreibe den Rest als ungekürzten Bruch.

Zahl x	60	75	90	84	100	40	107
$\frac{1}{25}$x	$2\frac{10}{25}$	3	$3\frac{15}{25}$	$3\frac{9}{25}$	4	$1\frac{15}{25}$	$4\frac{7}{25}$
$\frac{1}{7}$x	$8\frac{4}{7}$	$10\frac{5}{7}$	$12\frac{6}{7}$	12	$14\frac{2}{7}$	$5\frac{5}{7}$	$15\frac{2}{7}$
$\frac{1}{12}$x	5	$6\frac{3}{12}$	$7\frac{6}{12}$	7	$8\frac{4}{12}$	$3\frac{4}{12}$	$8\frac{11}{12}$

1

−	30	25	52	69
94	64	69	42	25
72	42	47	20	3
116	86	91	64	47
85	55	60	33	16

2

+	19	87	38	26
27	46	114	65	53
43	62	130	81	69
111	130	198	149	137
98	117	185	136	124

Erweitern. Ergänze die fehlenden Zahlen (Zähler oder Nenner).

3 $\frac{3}{25} = \frac{9}{75}$ $\frac{6}{25} = \frac{12}{50}$ $\frac{14}{25} = \frac{56}{100}$ $\frac{7}{25} = \frac{49}{175}$

4 $\frac{5}{7} = \frac{60}{84}$ $\frac{3}{7} = \frac{45}{105}$ $\frac{2}{9} = \frac{16}{72}$ $\frac{3}{8} = \frac{39}{104}$

5 $\frac{9}{25} = \frac{36}{100}$ $\frac{9}{12} = \frac{45}{60}$ $\frac{9}{15} = \frac{72}{120}$ $\frac{9}{14} = \frac{63}{98}$

6 $\frac{12}{25} = \frac{108}{225}$ $\frac{13}{18} = \frac{52}{72}$ $\frac{15}{16} = \frac{90}{96}$ $\frac{7}{14} = \frac{63}{126}$

Rechentrick bei (+) (siehe Seite 7)

7
327 + 79 = 406
326 / 80 / 406
452 + 68 = 520
450 / 70
399 + 83 = 482
400 / 82
598 + 56 = 654
600 / 54

8
1 450 + 199 = 1 649
1449 / 200
3 607 + 398 = 4 005
3 605 / 400
5 300 + 599 = 5 899
5 299 / 600
2 156 + 299 = 2 455
2 155 / 300

9
99 + 257 = 356
100 / 256
717 + 198 = 915
715 / 200
698 + 73 = 771
700 / 71
98 + 467 = 565
100 / 465

10

Zahl y	45	90	150	105	120	75	15
$\frac{1}{15}$y	3	6	10	7	8	5	1
$\frac{12}{15}$y	36	72	120	84	96	60	12
$\frac{14}{15}$y	42	84	140	98	112	70	14

Kürze so weit wie möglich.

1 $\frac{12}{48} = \frac{3}{12} = \frac{1}{4}$ $\frac{12}{21} = \frac{4}{7}$ $\frac{12}{15} = \frac{4}{5}$ $\frac{16}{68} = \frac{4}{17}$

2 $\frac{14}{56} = \frac{7}{28} = \frac{1}{4}$ $\frac{16}{24} = \frac{4}{6} = \frac{2}{3}$ $\frac{15}{75} = \frac{3}{15} = \frac{1}{5}$ $\frac{6}{15} = \frac{2}{5}$

3 $\frac{8}{18} = \frac{4}{9}$ $\frac{9}{48} = \frac{3}{16}$ $\frac{10}{25} = \frac{2}{5}$ $\frac{36}{60} = \frac{6}{10} = \frac{3}{5}$

Rechentrick bei (+) (siehe Seite 7) und bei (−) (siehe Seite 15)

4
375 + 499 = 874
374 / 500
536 + 198 = 734
534 / 200
699 + 243 = 942
700 / 242
627 + 397 = 1024
624 / 400

5
343 – 199 = 144
344 - 200
699 – 372 = 327
700 / 373
546 – 298 = 248
548 / 300
958 – 799 = 159
959 / 800

6
6,55 € + 0,99 € = 7,54 €
6,54 / 1,00
5,18 € – 2,99 € = 2,19 €
5,19 / 3,00
7,60 € + 3,98 € = 11,58 €
7,58 / 4,00
7,60 € – 3,98 € = 3,62 €
7,62 / 4,00

Rechne so weit du kannst. Fertig, los!

7
$2 \cdot 25 + 2^2 = 54$
$4 \cdot 25 + 3^2 = 109$
$8 \cdot 25 + 4^2 = 216$
$16 \cdot 25 + 5^2 = 425$
$32 \cdot 25 + 6^2 = 836$
$64 \cdot 25 + 7^2 = 1649$
$128 \cdot 25 + 8^2 = 3\,264$
$256 \cdot 25 + 9^2 = 6\,481$

8
$\frac{1}{2}$ von 10 000 = 5 000
$\frac{1}{2}$ von 12 000 = 6 000
$\frac{1}{2}$ von 14 000 = 7 000
$\frac{1}{2}$ von 16 000 = 8 000
$\frac{1}{2}$ von 18 000 = 9 000
$\frac{1}{2}$ von 20 000 = 10 000
$\frac{1}{2}$ von 22 000 = 11 000
$\frac{1}{2}$ von 24 000 = 12 000

9
250 – 199 = 51
355 – 299 = 56
460 – 399 = 61
565 – 499 = 66
670 - 599 = 71
775 - 699 = 76
880 - 799 = 81
985 - 899 = 86

A	D	E	G	I	L	M	N	R	S	T	U
0	4	12	40	42	75	169	196	225	400	765	800

126 : 3 = 42 I	167 + 598 = 765 T	84 : 7 = 12 E
14^2 = 196 N	10^3 – 235 = 765 T	$\frac{1}{2}$ von 392 = 196 N
$\frac{6}{7}$ von 49 = 42 I	72 : 6 = 12 E	$\frac{5}{9}$ von 72 = 40 G
694 – 498 = 196 N	15^2 = 225 R	9^2 – 69 = 12 E
$\frac{2}{7}$ von 14 = 4 D	399 + 366 = 765 T	3 · 25 = 75 L
210 : 5 = 42 I	$\frac{1}{8}$ von 96 = 12 E	86 · 0 = 0 A
411 – 399 = 12 E	9 · 25 = 225 R	11^2 + 104 = 225 R
49 · 4 = 196 N	711 – 699 = 12 E	568 – 399 = 169 M
13^2 = 169 M	16 · 25 = 400 S	$\frac{3}{10}$ von 40 = 12 E
32 · 25 = 800 U	0 : 350 = 0 A	795 – 599 = 196 N

IN INDIEN wurde MUTTER TERESA,
die 1979 den Friedensnobelpreis erhielt,
ENGEL der ARMEN genannt.

Kürze zuerst durch 100, 1 000 oder 10.

1
27 000 : 900 = 30
5 000 : 200 = 25
24 000 : 80 = 300
2 700 : 300 = 9
2 400 : 800 = 3

2
8 100 : 900 = 9
72 000 : 8 000 = 9
6 000 : 300 = 20
24 000 : 6 000 = 4
5 400 : 900 = 6

3
63 000 : 7 000 = 9
10 000 : 500 = 20
3 000 : 60 = 50
32 000 : 4 000 = 8
1 800 : 300 = 6

Auswendig!

4 $11^2 = 121$; $8^2 = 64$
5 $9^2 = 81$; $13^2 = 169$
6 $10^2 = 100$; $15^2 = 225$
7 $12^2 = 144$; $14^2 = 196$

Ergänze die fehlenden Zahlen.

8 $\frac{3}{7} = \frac{27}{63}$; $\frac{6}{25} = \frac{48}{200}$
9 $\frac{9}{12} = \frac{63}{84}$; $\frac{5}{8} = \frac{60}{96}$
10 $\frac{16}{25} = \frac{48}{75}$; $\frac{14}{15} = \frac{126}{135}$
11 $\frac{5}{6} = \frac{75}{90}$; $\frac{13}{17} = \frac{78}{102}$

Auswendig!

12

·	3	6	9	4	8	16	7	5	12	32
25	75	150	225	100	200	400	175	125	300	800
12	36	72	108	48	96	192	84	60	144	384

Kürze so weit wie möglich.

13 $\frac{9}{15} = \frac{3}{5}$; $\frac{21}{56} = \frac{3}{8}$; $\frac{14}{42} = \frac{1}{3}$
14 $\frac{15}{60} = \frac{1}{4}$; $\frac{18}{21} = \frac{6}{7}$; $\frac{40}{200} = \frac{1}{5}$
15 $\frac{24}{56} = \frac{3}{7}$; $\frac{27}{72} = \frac{3}{8}$; $\frac{16}{96} = \frac{1}{6}$
16 $\frac{30}{35} = \frac{6}{7}$; $\frac{40}{64} = \frac{5}{8}$; $\frac{7}{49} = \frac{1}{7}$

Mathe-fit-Test 2

Achtung: (+) oder (−) !

1
765 – 230 = 535
324 – 199 = 125
588 – 340 = 248
607 – 498 = 109

2
524 + 399 = 923
270 + 450 = 720
753 + 220 = 973
481 + 298 = 779

3
666 – 299 = 367
426 + 299 = 725
950 – 798 = 152
365 + 498 = 863

4 $3^3 = 27$; $2^6 = 64$
5 $10^4 = 10000$; $15^2 = 225$
6 $13^2 = 169$; $5^3 = 125$
7 $4^3 = 64$; $12^2 = 144$

Kürze so weit wie möglich.

8 $\frac{36}{96} = \frac{3}{8}$; $\frac{30}{42} = \frac{5}{7}$
9 $\frac{27}{30} = \frac{9}{10}$; $\frac{7}{56} = \frac{1}{8}$
10 $\frac{35}{40} = \frac{7}{8}$; $\frac{21}{28} = \frac{3}{4}$
11 $\frac{12}{72} = \frac{1}{6}$; $\frac{18}{162} = \frac{1}{9}$

12
320 000 : 8 000 = 40
75 000 : 5 000 = 15
21 000 : 300 = 70
630 000 : 9 000 = 70
6 400 : 800 = 8

13
224 : 32 = 7 K: 7 · 32 = 224
320 : 64 = 5 K: 5 · 64 = 320
168 : 28 = 6 K: 6 · 28 = 168
292 : 73 = 4 K: 4 · 73 = 292
392 : 49 = 8 K: 8 · 49 = 392

Erweitere.

14 $\frac{3}{8} = \frac{21}{56}$; $\frac{4}{9} = \frac{28}{63}$
15 $\frac{2}{7} = \frac{10}{35}$; $\frac{5}{8} = \frac{75}{120}$
16 $\frac{3}{4} = \frac{30}{40}$; $\frac{6}{7} = \frac{48}{56}$
17 $\frac{9}{17} = \frac{36}{68}$; $\frac{16}{25} = \frac{128}{200}$

18

Zahl a	30	55	89	130	191	1 300
$\frac{1}{4}$a	$7\frac{2}{4}$	$13\frac{3}{4}$	$22\frac{1}{4}$	$32\frac{2}{4}$	$47\frac{3}{4}$	325

Du hast ☐ Aufgaben richtig gelöst.

$\frac{3}{4} + \frac{5}{6} = \frac{9 + 10}{12} = \frac{19}{12} = 1\frac{7}{12}$ ✓ K: $\frac{19}{12} - \frac{5}{6} = \frac{19 - 10}{12} = \frac{9}{12} = \frac{3}{4}$

Kontrolliere mit der Umkehraufgabe. ✓ heißt: Ich habe kontrolliert, es stimmt.

1 $\frac{3}{4} + \frac{5}{8} = \frac{6+5}{8} = \frac{11}{8} = 1\frac{3}{8}$ K: $\frac{11}{8} - \frac{5}{8} = \frac{11-5}{8} = \frac{6}{8} = \frac{3}{4}$

2 $\frac{5}{6} + \frac{1}{8} = \frac{20+3}{24} = \frac{23}{24}$ K: $\frac{23}{24} - \frac{1}{8} = \frac{23-3}{24} = \frac{20}{24} = \frac{5}{6}$

3 $\frac{3}{8} + \frac{1}{6} = \frac{9+4}{24} = \frac{13}{24}$ K: $\frac{13}{24} - \frac{1}{6} = \frac{13-4}{24} = \frac{9}{24} = \frac{3}{8}$

4 $\frac{1}{2} + \frac{4}{5} = \frac{5+8}{10} = \frac{13}{10} = 1\frac{3}{10}$ K: $\frac{13}{10} - \frac{4}{5} = \frac{13-8}{10} = \frac{5}{10} = \frac{1}{2}$

5 $\frac{3}{5} + \frac{3}{8} = \frac{24+15}{40} = \frac{39}{40}$ K: $\frac{39}{40} - \frac{3}{8} = \frac{39-15}{40} = \frac{24}{40} = \frac{3}{5}$

6 $\frac{1}{6} + \frac{5}{7} = \frac{7+30}{42} = \frac{37}{42}$ K: $\frac{37}{42} - \frac{5}{7} = \frac{37-30}{42} = \frac{20}{24} = \frac{5}{6}$

Auswendig!

7

·	5	4	8	16	3	6	12	7	9
25	125	100	200	400	75	150	300	175	225
13	65	52	104	208	39	78	156	91	117
15	75	60	120	240	45	90	180	105	135

Rechentrick bei (+) und (−) (siehe Seite 7 und 15).

8
5,60 € – 2,99 € = 2,61 €
3,25 € – 1,98 € = 1,27 €
9,99 € – 5,85 € = 4,14 €
7,20 € – 3,99 € = 3,21 €

9
3,56 € + 1,99 € = 5,55 €
7,99 € + 2,50 € = 10,49 €
8,20 € + 1,98 € = 10,18 €
6,43 € + 3,99 € = 10,42 €

$\frac{5}{6} - \frac{3}{4} = \frac{10-9}{12} = \frac{1}{12}$ ✓ K: $\frac{1}{12} + \frac{3}{4} = \frac{1+9}{12} = \frac{10}{12} = \frac{5}{6}$

Kontrolliere mit der Umkehraufgabe.

1 $\frac{3}{4} - \frac{1}{5} = \frac{15-4}{20} = \frac{11}{20}$ K: $\frac{11}{20} + \frac{1}{5} = \frac{11+4}{20} = \frac{15}{20} = \frac{3}{4}$

2 $\frac{3}{4} - \frac{3}{7} = \frac{21-12}{28} = \frac{9}{28}$ K: $\frac{9}{28} + \frac{3}{7} = \frac{9+12}{28} = \frac{21}{28} = \frac{3}{4}$

3 $\frac{5}{8} - \frac{2}{5} = \frac{25-16}{40} = \frac{9}{40}$ K: $\frac{9}{40} + \frac{2}{5} = \frac{9+16}{40} = \frac{25}{40} = \frac{5}{8}$

4 $\frac{5}{7} - \frac{3}{5} = \frac{25-21}{35} = \frac{4}{35}$ K: $\frac{4}{35} + \frac{3}{5} = \frac{4+21}{35} = \frac{25}{35} = \frac{5}{7}$

5 $\frac{7}{9} - \frac{3}{4} = \frac{28-27}{36} = \frac{1}{36}$ K: $\frac{1}{36} + \frac{3}{4} = \frac{1+27}{36} = \frac{28}{36} = \frac{7}{9}$

6 $\frac{5}{6} - \frac{2}{7} = \frac{35-12}{42} = \frac{23}{42}$ K: $\frac{23}{42} + \frac{2}{7} = \frac{23+12}{20} = \frac{35}{42} = \frac{5}{6}$

7 Merke:

$2 \cdot 75 =$ 150 $3 \cdot 75 =$ 225 $5 \cdot 75 =$ 375

$4 \cdot 75 =$ 300 $6 \cdot 75 =$ 450 $10 \cdot 75 =$ 750

$8 \cdot 75 =$ 600 $12 \cdot 75 =$ 900 $20 \cdot 75 =$ 1500

Rechne von unten nach oben oder von oben nach unten.
Addiere zur Kontrolle in umgekehrter Richtung.

8	9	10	11
2,50	16,50	155,50	2,75
+ 6,99	+ 6,90	+ 83,—	+ 20,—
+ 1,17	+ 1,35	+ 56,35	+ 1,98
+ 12,80	+ 12,60	+ 399,—	+ 0,99
+ 2,99	+ 3,98	+ 16,80	+ 6,50
+ 0,99	+ 1,10	+ 105,—	+ 17,38
27,44	42,43	815,65	49,60

a) $3 \cdot \frac{1}{4} = \frac{3}{4}$ b) $20 \cdot \frac{3}{8} = \frac{60}{8} = 7\frac{1}{2}$ c) $\frac{3}{\cancel{4}_{2}} \cdot \frac{\cancel{2}^{1}}{7} = \frac{3}{14}$

1	2	3
$5 \cdot \frac{1}{8} = \frac{5}{8}$	$10 \cdot \frac{1}{4} = \frac{\cancel{10}^{5}}{\cancel{4}_{2}} = \frac{5}{2} = 2\frac{1}{2}$	$\frac{3}{4} \cdot \frac{3}{8} = \frac{9}{32}$
$3 \cdot \frac{5}{7} = \frac{15}{7} = 2\frac{1}{7}$	$20 \cdot \frac{5}{6} = \frac{\cancel{100}^{50}}{\cancel{6}_{3}} = \frac{50}{3} = 16\frac{2}{3}$	$\frac{5}{7} \cdot \frac{1}{4} = \frac{5}{28}$
$4 \cdot \frac{7}{9} = \frac{28}{9} = 3\frac{1}{9}$	$10 \cdot \frac{3}{4} = \frac{\cancel{30}^{15}}{\cancel{4}_{2}} = \frac{15}{2} = 7\frac{1}{2}$	$\frac{4}{5} \cdot \frac{1}{2} = \frac{\cancel{4}^{2}}{\cancel{10}_{5}} = \frac{2}{5}$
$6 \cdot \frac{5}{16} = \frac{\cancel{30}^{15}}{\cancel{16}_{8}} = \frac{15}{8} = 1\frac{7}{8}$	$30 \cdot \frac{2}{7} = \frac{60}{7} = 8\frac{4}{7}$	$\frac{5}{6} \cdot \frac{1}{8} = \frac{5}{48}$
$5 \cdot \frac{9}{17} = \frac{45}{17} = 2\frac{11}{17}$	$50 \cdot \frac{1}{2} = \frac{\cancel{50}^{25}}{\cancel{2}_{1}} = \frac{25}{1} = 25$	$\frac{7}{9} \cdot \frac{3}{4} = \frac{\cancel{21}^{7}}{\cancel{36}_{12}} = \frac{7}{12}$
$9 \cdot \frac{4}{25} = \frac{36}{25} = 1\frac{11}{25}$	$40 \cdot \frac{1}{3} = \frac{40}{3} = 13\frac{1}{3}$	$\frac{5}{16} \cdot \frac{2}{5} = \frac{10}{80} = \frac{1}{8}$

Rechentrick bei : (siehe Seite 18)

4		5		6	
4 2ØØ : 7ØØ =	6	2 7ØØ : 3ØØ =	9	21 0ØØ : 7ØØ =	30
35 0ØØ : 5ØØ =	70	56Ø : 8Ø =	7	2 1ØØ : 3ØØ =	7
2 40Ø : 6Ø =	40	2 8ØØ : 4ØØ =	7	48 0ØØ : 6ØØ =	80
27 0ØØ : 9ØØ =	30	45Ø : 5Ø =	9	7 20Ø : 8Ø =	90

7

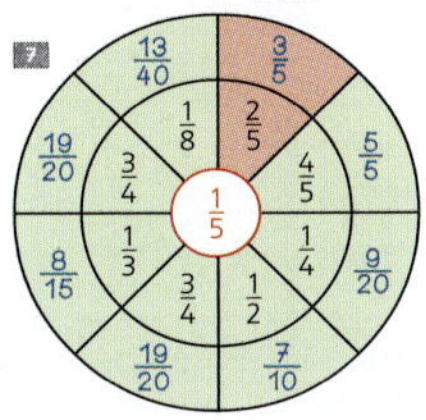

8

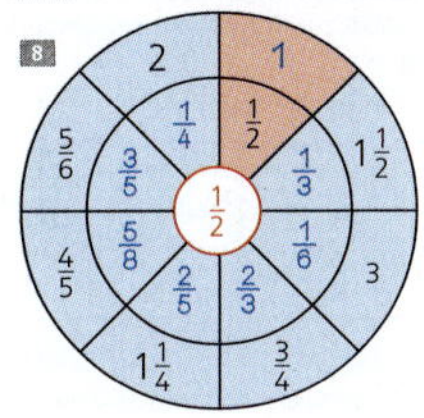

a) $\frac{3}{4} : 5 = \frac{3}{4 \cdot 5} = \frac{3}{20}$ b) $\frac{3}{4} : \frac{1}{8} = \frac{3}{4} \cdot \frac{8}{1} = \frac{24}{4} = 6$

1 $\frac{3}{4} : 6 = \frac{3}{4 \cdot 6} = \frac{3}{24} = \frac{1}{8}$	7 $\frac{3}{4} : \frac{1}{2} = \frac{3}{4} \cdot \frac{2}{1} = \frac{6}{4} = \frac{3}{2} = 1\frac{1}{2}$
2 $\frac{2}{5} : 4 = \frac{2}{5 \cdot 4} = \frac{2}{20} = \frac{1}{10}$	8 $\frac{5}{12} : \frac{3}{8} = \frac{5}{\cancel{12}_{3}} \cdot \frac{\cancel{8}^{2}}{3} = \frac{10}{9} = 1\frac{1}{9}$
3 $\frac{5}{12} : 7 = \frac{5}{12 \cdot 7} = \frac{5}{84}$	9 $\frac{7}{9} : \frac{4}{5} = \frac{7}{9} \cdot \frac{5}{4} = \frac{35}{36}$
4 $\frac{7}{15} : 8 = \frac{7}{15 \cdot 8} = \frac{7}{120}$	10 $\frac{12}{25} : \frac{3}{7} = \frac{\cancel{12}^{4}}{25} \cdot \frac{7}{\cancel{3}_{1}} = \frac{28}{25} = 1\frac{3}{25}$
5 $\frac{3}{8} : 6 = \frac{3}{8 \cdot 6} = \frac{3}{48} = \frac{1}{16}$	11 $\frac{7}{12} : \frac{5}{6} = \frac{7}{\cancel{12}_{2}} \cdot \frac{\cancel{6}^{1}}{5} = \frac{7}{10}$
6 $\frac{6}{25} : 5 = \frac{6}{25 \cdot 5} = \frac{6}{125}$	12 $\frac{6}{15} : \frac{3}{5} = \frac{\cancel{6}^{2}}{\cancel{15}_{3}} \cdot \frac{\cancel{5}^{1}}{\cancel{3}_{1}} = \frac{2}{3}$

13

·	15	25	75
5	75	125	375
4	60	100	300
8	120	200	600
3	45	75	225
6	90	150	450
7	105	175	525

14

:	60	40	70
320	$5\frac{2Ø}{6Ø}$	8	$4\frac{4Ø}{7Ø}$
420	7	$10\frac{2Ø}{4Ø}$	6
350	$5\frac{5Ø}{6Ø}$	$8\frac{3Ø}{4Ø}$	5
300	5	$7\frac{2Ø}{4Ø}$	$4\frac{2Ø}{7Ø}$
280	$4\frac{4Ø}{6Ø}$	7	4
630	$10\frac{3Ø}{6Ø}$	$15\frac{3Ø}{4Ø}$	9

15 350 $: 40 = 8\frac{3}{4}$ K: $8\frac{3}{4} \cdot 40 = \frac{35}{\cancel{4}_{1}} \cdot \cancel{40}_{10} = 35 \cdot 10 = 350$

16 370 $: 60 = 6\frac{1}{6}$ K: $6\frac{1}{6} \cdot 60 = \frac{37}{\cancel{6}_{1}} \cdot \cancel{60}^{10} = 37 \cdot 10 = 370$

17 300 $: 70 = 4\frac{2}{7}$ K: $4\frac{2}{7} \cdot 70 = \frac{30}{\cancel{7}_{1}} \cdot \cancel{70}^{10} = 30 \cdot 10 = 300$

18 350 $: 80 = 4\frac{3}{8}$ K: $4\frac{3}{8} \cdot 80 = \frac{35}{\cancel{8}_{1}} \cdot \cancel{80}^{10} = 35 \cdot 10 = 350$

19 294 $: 30 = 9\frac{4}{5}$ K: $9\frac{4}{5} \cdot 30 = \frac{49}{\cancel{5}_{1}} \cdot \cancel{30}^{6} = 49 \cdot 6 = 294$

20 553 $: 70 = 7\frac{9}{10}$ K: $7\frac{9}{10} \cdot 70 = \frac{79}{\cancel{10}_{1}} \cdot \cancel{70}^{7} = 79 \cdot 7 = 553$

$2\frac{1}{4} : 1\frac{5}{8} = \frac{9}{4} : \frac{13}{8} = \frac{9}{4} \cdot \frac{8}{13} = \frac{72}{52} = 1\frac{20}{52} = 1\frac{5}{13}$

1 $3\frac{1}{2} : \frac{3}{8} = \frac{7}{2} : \frac{3}{8} = \frac{7}{\cancel{2}_{1}} \cdot \frac{\cancel{8}^{4}}{3} = \frac{28}{3} = 9\frac{1}{3}$

2 $2\frac{1}{2} : 1\frac{1}{6} = \frac{5}{2} : \frac{7}{6} = \frac{5}{\cancel{2}_{1}} \cdot \frac{\cancel{6}^{3}}{7} = \frac{15}{7} = 2\frac{1}{7}$

3 $3\frac{1}{3} : 2\frac{5}{6} = \frac{10}{3} : \frac{17}{6} = \frac{10}{\cancel{3}_{1}} \cdot \frac{\cancel{6}^{2}}{17} = \frac{20}{17} = 1\frac{3}{17}$

4 $4\frac{5}{7} : \frac{3}{4} = \frac{33}{7} : \frac{3}{4} = \frac{\cancel{33}^{11}}{7} \cdot \frac{4}{\cancel{3}_{1}} = \frac{44}{7} = 6\frac{2}{7}$

5 $3\frac{3}{4} : 2\frac{3}{5} = \frac{15}{4} : \frac{13}{5} = \frac{15}{4} \cdot \frac{5}{13} = \frac{75}{52} = 1\frac{23}{52}$

6 $5\frac{3}{12} : 1\frac{2}{3} = \frac{63}{12} : \frac{5}{3} = \frac{63}{\cancel{12}_{4}} \cdot \frac{\cancel{3}^{1}}{5} = \frac{63}{20} = 3\frac{3}{20}$

7 $2\frac{5}{6} : \frac{7}{9} = \frac{17}{6} : \frac{7}{9} = \frac{17}{\cancel{6}_{2}} \cdot \frac{\cancel{9}^{3}}{7} = \frac{51}{14} = 3\frac{9}{14}$

8 $3\frac{4}{25} : 2\frac{1}{2} = \frac{79}{25} : \frac{5}{2} = \frac{79}{25} \cdot \frac{2}{5} = \frac{158}{125} = 1\frac{33}{125}$

Rechentrick bei · mal

Beispiel:

schwer: 6,99 € · 5 =

leicht: 7 € · 5 = 35 € 35 € – 5 ct = 34,95 €

Zuerst 7 € · 5, dann – 5 ct.

9		10		11	
6,99 € · 3 =	20,97 €	10,99 € · 3 =	32,97 €	3,98 € · 4 =	15,92 €
3,99 € · 5 =	19,95 €	4,99 € · 6 =	29,94 €	1,98 € · 8 =	15,84 €
1,99 € · 9 =	17,91 €	12,99 € · 4 =	51,96 €	5,98 € · 6 =	35,88 €
2,99 € · 7 =	20,93 €	5,99 € · 2 =	11,98 €	4,95 € · 5 =	24,75 €
4,99 € · 8 =	39,92 €	13,99 € · 3 =	41,97 €	9,95 € · 2 =	19,90 €
8,99 € · 2 =	17,98 €	7,99 € · 7 =	55,93 €	6,95 € · 7 =	48,65 €

Das Übungsheft 6 – Lösungen (Seite 30–33)

$\frac{6}{7} : \frac{3}{4} = \frac{\cancel{6}^2}{7} \cdot \frac{4}{\cancel{3}_1} = \frac{8}{7} = 1\frac{1}{7}$ ✓ K: $1\frac{1}{7} \cdot \frac{3}{4} = \frac{8}{7} \cdot \frac{3}{4} = \frac{24}{28} = \frac{6}{7}$

Kontrolliere mit der Umkehraufgabe.

1* $\frac{3}{4} : 7 = \frac{3}{4} : \frac{7}{1} = \frac{3}{4} \cdot \frac{1}{7} = \frac{3}{28}$ K: $\frac{3}{\cancel{28}_4} \cdot \cancel{7}^1 = \frac{3}{4}$

2 $\frac{3}{5} : \frac{1}{6} = \frac{3}{5} \cdot \frac{6}{1} = \frac{18}{5} = 3\frac{3}{5}$ K: $3\frac{3}{5} \cdot \frac{1}{6} = \frac{\cancel{18}^3}{5} \cdot \frac{1}{\cancel{6}_1} = \frac{3}{5}$

3 $\frac{7}{12} : 3 = \frac{7}{12} : \frac{3}{1} = \frac{7}{12} \cdot \frac{1}{3} = \frac{7}{36}$ K: $\frac{7}{\cancel{36}_{12}} \cdot \cancel{3}^1 = \frac{7}{12}$

4 $\frac{5}{8} : \frac{0}{4} =$ n.l. K: n.l.

5 $\frac{1}{4} : \frac{4}{5} = \frac{1}{4} \cdot \frac{5}{4} = \frac{5}{16}$ K: $\frac{\cancel{5}^1}{\cancel{16}_4} \cdot \frac{\cancel{4}^1}{\cancel{5}_1} = \frac{1}{4}$

6 $\frac{8}{15} : 3 = \frac{8}{15} : \frac{3}{1} = \frac{8}{15} \cdot \frac{1}{3} = \frac{8}{45}$ K: $\frac{8}{\cancel{45}_{15}} \cdot \cancel{3}^1 = \frac{8}{15}$

Auswendig!

7

·	6	4	8	3	0	9	7	5	20
75	450	300	600	225	0	675	525	375	1 500
25	150	100	200	75	0	225	175	125	500
12	72	48	96	36	0	108	84	60	240
15	90	60	120	45	0	135	105	75	300

Rechne von unten nach oben oder von oben nach unten.
Addiere zur Kontrolle in umgekehrter Richtung.

8
3,65
+ 1,09
+ 12,50
+ 23,—
+ 7,99
+ 0,98
= 49,21

9
125,—
+ 96,—
+ 37,90
+ 118,—
+ 96,50
= 473,40

10
1,99
+ 17,60
+ 3,36
+ 9,99
+ 15,—
= 47,94

11
1,66
+ 0,99
+ 3,44
+ 10,—
+ 8,97
+ 3,99
= 29,05

1* bis 6 Schreibe „n. l." bei nicht lösbaren Aufgaben.

Kontrolliere mit der Umkehraufgabe.

1 $517 - 399 = 118$ K: $118 + 399 = 517$

2 $236 + 498 = 734$ K: $734 - 498 = 236$

3 $1\frac{2}{5} - \frac{1}{4} = \frac{7}{5} - \frac{1}{4} = \frac{28-5}{20} = \frac{23}{20} = 1\frac{3}{20}$ K: $1\frac{3}{20} + \frac{1}{4} = \frac{23}{20} + \frac{1}{4} = \frac{23+5}{20} = \frac{28}{20} = 1\frac{8}{20} = 1\frac{2}{5}$

4 $\frac{5}{6} + 1\frac{1}{2} = \frac{5}{6} + \frac{3}{2} = \frac{5+9}{6} = \frac{14}{6} = \frac{7}{3} = 2\frac{1}{3}$ K: $2\frac{1}{3} - 1\frac{1}{2} = \frac{7}{3} - \frac{3}{2} = \frac{14-9}{6} = \frac{5}{6}$

5 $216 \cdot 3 = 648$ K: $648 : 3 = 216$

6 $200 : 25 = 8$ K: $8 \cdot 25 = 200$

7 $\frac{3}{7} : \frac{1}{4} = \frac{3}{7} \cdot \frac{4}{1} = \frac{12}{7} = 1\frac{5}{7}$ K: $1\frac{5}{7} \cdot \frac{1}{4} = \frac{\cancel{12}^3}{7} \cdot \frac{1}{\cancel{4}_1} = \frac{3}{7}$

8 $\frac{5}{12} \cdot \frac{3}{5} = \frac{\cancel{5}^1}{\cancel{12}_4} \cdot \frac{\cancel{3}^1}{\cancel{5}_1} = \frac{1}{4}$ K: $\frac{1}{4} : \frac{3}{5} = \frac{1}{4} \cdot \frac{5}{3} = \frac{5}{12}$

9		10		11		12	
$11^2 =$	121	$3^3 =$	27	$2^4 =$	16	$3^4 =$	81
$12^2 =$	144	$4^3 =$	64	$2^5 =$	32	$3^5 =$	243
$13^2 =$	169	$5^3 =$	125	$2^6 =$	64	$4^4 =$	256
$14^2 =$	196	$6^3 =$	216	$2^7 =$	128	$5^4 =$	625
$15^2 =$	225	$10^3 =$	1000	$2^8 =$	256	$10^1 =$	10

Rechentrick bei + – · (siehe Seite 7, 15 und 29)

13
24,50 € + 4,99 € = 29,49€
6,85 € + 1,98 € = 8,83€
17,80 € – 3,99 € = 13,81€
7,33 € – 2,98 € = 4,35€

14
2,99 € · 6 = 17,94€
7,98 € · 2 = 15,96€
4,99 € · 5 = 24,95€
8,98 € · 3 = 26,94€

15

+	75	49	125	150
75	150	124	200	225
95	170	144	220	245

16

–	55	36	99	120
120	65	84	21	0
200	145	164	101	80

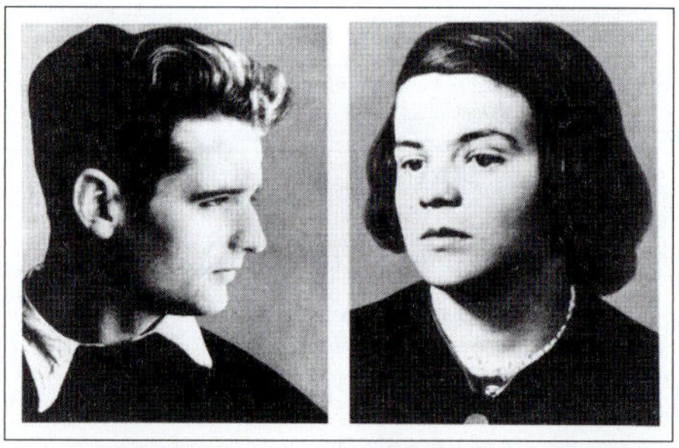

A	C	D	E	G	H	I	L	N	O	P	R	S	T	U	W	.
0	$\frac{3}{20}$	$\frac{1}{4}$	$\frac{4}{5}$	1	16	87	144	169	196	225	300	388	585	600	625	1 000

$189 + 199 =$	388	S	$494 - 350 =$	144	L	$13^2 =$	169	N
$14^2 =$	196	O	$12^2 =$	144	L	$\frac{1}{32} \cdot 8 =$	$\frac{1}{4}$	D
$3 \cdot 75 =$	225	P	$125 \cdot 5 =$	625	W	$97 : \frac{1}{4} =$	388	S
$4 : \frac{1}{4} =$	16	H	$174 : 2 =$	87	I	$\frac{3}{5} : \frac{9}{15} =$	1	G
$386 - 299 =$	87	I	$\frac{5}{28} : \frac{5}{7} =$	$\frac{1}{4}$	D	$35 : \frac{7}{60} =$	300	R
$\frac{17}{40} : \frac{3}{8} =$	$\frac{4}{5}$	E	$\frac{21}{20} - \frac{1}{4} =$	$\frac{4}{5}$	E	$8 \cdot 75 =$	600	U
$194 \cdot 2 =$	388	S	$400 \cdot \frac{3}{4} =$	300	R	$624 - 399 =$	225	P
$\frac{3}{4} \cdot \frac{1}{5} =$	$\frac{3}{20}$	C	$887 - 499 =$	388	S	$15^2 =$	225	P
$64 : 4 =$	16	H	$165 + 420 =$	585	T	$\frac{24}{5} : 6 =$	$\frac{4}{5}$	E
$128 + 68 =$	196	O	$3\frac{1}{2} \cdot \frac{0}{7} =$	0	A	$468 + 532 =$	1000	.

SOPHIE SCHOLL wurde am 22.2.1943 mit ihrem Bruder Hans in München hingerichtet, weil sie sich mit der WIDERSTANDSGRUPPE „Weiße Rose" gegen den Naziterror wehrte .

Was fällt auf?

1		2		3	
40 : 8 =	5	100 : 10 =	10	72 : 12 =	6
40 : 4 =	10	100 : 5 =	20	72 : 8 =	9
40 : 2 =	20	100 : 2 =	50	72 : 4 =	18
40 : 1 =	40	100 : 1 =	100	72 : 1 =	72
$40 : \frac{1}{2} =$	80	$100 : \frac{1}{2} =$	200	$72 : \frac{1}{4} =$	288
$40 : \frac{1}{4} =$	160	$100 : \frac{1}{5} =$	500	$72 : \frac{1}{8} =$	576
$40 : \frac{1}{8} =$	320	$100 : \frac{1}{10} =$	1000	$72 : \frac{1}{12} =$	864

Löse mithilfe der Umkehraufgabe.

4 $2\frac{1}{6} : \frac{1}{3} = 6\frac{1}{2}$ K: $6\frac{1}{2} \cdot \frac{1}{3} = \frac{13}{2} \cdot \frac{1}{3} = \frac{13}{6} = 2\frac{1}{6}$

5 $\frac{9}{20} : \frac{3}{8} = 1\frac{1}{5}$ K: $1\frac{1}{5} \cdot \frac{3}{8} = \frac{6}{5} \cdot \frac{3}{8} = \frac{18}{40} = \frac{9}{20}$

6 $1\frac{19}{30} - \frac{4}{5} = \frac{5}{6}$ K: $\frac{5}{6} + \frac{4}{5} = \frac{25+24}{30} = \frac{49}{30} = 1\frac{19}{30}$

7 $2\frac{1}{21} - \frac{5}{7} = 1\frac{1}{3}$ K: $1\frac{1}{3} + \frac{5}{7} = \frac{4}{3} + \frac{5}{7} = \frac{28+15}{21} = \frac{43}{21} = 1\frac{1}{21}$

8 $\frac{4}{25} \cdot \frac{3}{4} = \frac{3}{25}$ K: $\frac{3}{25} : \frac{3}{4} = \frac{\cancel{3}^1}{25} \cdot \frac{4}{\cancel{3}_1} = \frac{4}{25}$

9 $\frac{5}{18} \cdot 1\frac{1}{2} = \frac{5}{12}$ K: $\frac{5}{12} : 1\frac{1}{2} = \frac{5}{12} : \frac{3}{2} = \frac{5}{\cancel{12}_6} \cdot \frac{\cancel{2}^1}{3} = \frac{5}{18}$

10 $1\frac{7}{12} + \frac{3}{4} = 2\frac{1}{3}$ K: $2\frac{1}{3} - \frac{3}{4} = \frac{7}{3} - \frac{3}{4} = \frac{28-9}{12} = \frac{19}{12} = 1\frac{7}{12}$

11 $\frac{5}{8} + 1\frac{1}{8} = 1\frac{3}{4}$ K: $1\frac{3}{4} - 1\frac{1}{8} = \frac{7}{4} - \frac{9}{8} = \frac{14-9}{8} = \frac{5}{8}$

12		13		14	
$10^2 =$	100	5 · 25 =	125	7 · 12 =	84
$11^2 =$	121	8 · 25 =	200	8 · 15 =	120
$12^2 =$	144	6 · 25 =	150	6 · 12 =	72
$13^2 =$	169	9 · 25 =	225	5 · 15 =	75
$14^2 =$	196	7 · 25 =	175	9 · 12 =	108
$15^2 =$	225	16 · 25 =	400	7 · 15 =	105

Mathe-fit-Test 3

1
$6 \cdot 25 =$ 150
$9 \cdot 25 =$ 225
$7 \cdot 25 =$ 175
$8 \cdot 12 =$ 96
$6 \cdot 15 =$ 90
$9 \cdot 13 =$ 117

2
$4 \cdot 75 =$ 300
$8 \cdot 75 =$ 600
$5 \cdot 75 =$ 375
$9 \cdot 75 =$ 675
$0 \cdot 75 =$ 0
$7 \cdot 75 =$ 525

3
$84 : 12 =$ 7
$200 : 25 =$ 8
$78 : 13 =$ 6
$225 : 75 =$ 3
$135 : 15 =$ 9
$450 : 75 =$ 6

Kontrolliere mit der Umkehraufgabe.

4*
$\frac{1}{4} + \frac{3}{8} = \frac{2+3}{8} = \frac{5}{8}$ K: $\frac{5}{8} - \frac{3}{8} = \frac{2}{8} = \frac{1}{4}$

5
$\frac{3}{7} + \frac{1}{3} = \frac{9+7}{21} = \frac{16}{21}$ K: $\frac{16}{21} - \frac{1}{3} = \frac{16-7}{21} = \frac{9}{21} = \frac{3}{7}$

6
$\frac{2}{3} - \frac{4}{5} =$ n.l. K: n.l.

7
$\frac{5}{6} - \frac{3}{4} = \frac{10-9}{12} = \frac{1}{12}$ K: $\frac{1}{12} + \frac{3}{4} = \frac{1+9}{12} = \frac{10}{12} = \frac{5}{6}$

8
$6 \cdot \frac{5}{12} = \frac{6 \cdot 5}{12} = \frac{30}{12} = 2\frac{6}{12} = 2\frac{1}{2}$ K: $2\frac{1}{2} : \frac{5}{12} = \frac{5}{2} : \frac{5}{12} = \frac{\cancel{5}^1}{\cancel{2}_1} \cdot \frac{\cancel{12}^6}{\cancel{5}_1} = \frac{6}{1} = 6$

9
$\frac{3}{7} \cdot \frac{1}{4} = \frac{3 \cdot 1}{7 \cdot 4} = \frac{3}{28}$ K: $\frac{3}{28} : \frac{1}{4} = \frac{3}{\cancel{28}_7} \cdot \frac{\cancel{4}^1}{1} = \frac{3}{7}$

10
$\frac{5}{9} : 3 = \frac{5}{9} : \frac{3}{1} = \frac{5}{9} \cdot \frac{1}{3} = \frac{5}{27}$ K: $\frac{5}{27} \cdot 3 = \frac{5 \cdot \cancel{3}^1}{\cancel{27}_9} = \frac{5}{9}$

11
$\frac{7}{10} : \frac{3}{4} = \frac{7}{\cancel{10}_5} \cdot \frac{\cancel{4}^2}{3} = \frac{14}{15}$ K: $\frac{\cancel{14}^7}{\cancel{15}_5} \cdot \frac{\cancel{3}^1}{\cancel{4}_2} = \frac{7}{10}$

12
4,75 € – 1,99 € = 2,76€
3,68 € – 2,50 € = 1,18€
7,38 € – 3,98 € = 3,40€
3,26 € + 3,99 € = 7,25€
7,53 € + 4,98 € = 12,51€
6,17 € + 2,30 € = 8,47€

13
7,50 € · 3 = 22,50€
12,10 € · 4 = 48,40€
6,99 € · 5 = 34,95€
13,99 € · 4 = 55,96€
1,99 € · 8 = 15,92€
10,60 € · 6 = 63,60€

4 * bis 11 Schreibe „n. l." bei nicht lösbaren Aufgaben.

6 Schreibe „n. l." bei nicht lösbaren Aufgaben.

Du hast ☐ Aufgaben richtig gelöst.

---

a) $\frac{3}{5} = \frac{6}{10}$ b) $\frac{1}{25} = \frac{4}{100}$ c) $\frac{1}{8} = \frac{125}{1000}$

Erweitere auf Zehntel, Hundertstel oder Tausendstel.

1
$\frac{1}{2} = \frac{5}{10}$
$\frac{1}{4} = \frac{25}{100}$
$\frac{3}{4} = \frac{75}{100}$

2
$\frac{1}{5} = \frac{2}{10}$
$\frac{3}{8} = \frac{375}{1000}$
$\frac{1}{20} = \frac{5}{100}$

3
$\frac{2}{5} = \frac{4}{10}$
$\frac{5}{8} = \frac{625}{1000}$
$\frac{3}{25} = \frac{12}{100}$

4*
$\frac{11}{20} = \frac{55}{100}$
$\frac{1}{3} =$ n.l.
$\frac{7}{8} = \frac{875}{1000}$

Schreibe als Dezimalzahl.

5
$\frac{6}{10} =$ 0,6
$\frac{5}{10} =$ 0,5
$\frac{9}{10} =$ 0,9

6
$\frac{25}{100} =$ 0,25
$\frac{125}{1000} =$ 0,125
$\frac{7}{100} =$ 0,07

7
$\frac{2}{10} =$ 0,2
$\frac{75}{100} =$ 0,75
$\frac{5}{1000} =$ 0,005

8
$\frac{4}{10} =$ 0,4
$\frac{375}{1000} =$ 0,375
$\frac{5}{100} =$ 0,05

9
$11^2 =$ 121
$15^2 =$ 225
$10^2 =$ 100
$12^2 =$ 144
$13^2 =$ 169
$14^2 =$ 196
$6^3 =$ 216
$4^3 =$ 64

10

+	$\frac{1}{2}$	$\frac{1}{3}$	$\frac{1}{4}$	$\frac{1}{5}$	$\frac{1}{6}$
$\frac{1}{5}$	$\frac{2+5}{10} = \frac{7}{10}$	$\frac{3+5}{15} = \frac{8}{15}$	$\frac{4+5}{20} = \frac{9}{20}$	$\frac{1+1}{5} = \frac{2}{5}$	$\frac{6+5}{30} = \frac{11}{30}$
$\frac{1}{4}$	$\frac{1+2}{4} = \frac{3}{4}$	$\frac{3+4}{12} = \frac{7}{12}$	$\frac{1+1}{4} = \frac{2}{4} = \frac{1}{2}$	$\frac{5+4}{20} = \frac{9}{20}$	$\frac{3+2}{12} = \frac{5}{12}$
$\frac{1}{3}$	$\frac{2+3}{6} = \frac{5}{6}$	$\frac{1+1}{3} = \frac{2}{3}$	$\frac{4+3}{12} = \frac{7}{12}$	$\frac{5+3}{15} = \frac{8}{15}$	$\frac{2+1}{6} = \frac{3}{6} = \frac{1}{2}$
$\frac{1}{2}$	$\frac{1+1}{2} = 1$	$\frac{3+2}{6} = \frac{5}{6}$	$\frac{2+1}{4} = \frac{3}{4}$	$\frac{5+2}{10} = \frac{7}{10}$	$\frac{3+1}{6} = \frac{4}{6} = \frac{2}{3}$
1	$\frac{2+1}{2} = \frac{3}{2} = 1\frac{1}{2}$	$\frac{3+1}{3} = \frac{4}{3} = 1\frac{1}{3}$	$\frac{4+1}{4} = \frac{5}{4} = 1\frac{1}{4}$	$\frac{5+1}{5} = \frac{6}{5} = 1\frac{1}{5}$	$\frac{6+1}{6} = \frac{7}{6} = 1\frac{1}{6}$

4 *Schreibe „n. l." bei nicht lösbaren Aufgaben.

---

1 Merke:

$\frac{1}{2} =$ 0,5
$\frac{1}{4} =$ 0,25
$\frac{3}{4} =$ 0,75
$\frac{1}{10} =$ 0,1
$\frac{1}{8} =$ 0,125
$\frac{3}{8} =$ 0,375
$\frac{5}{8} =$ 0,625
$\frac{7}{8} =$ 0,875
$\frac{1}{5} =$ 0,2
$\frac{2}{5} =$ 0,4
$\frac{3}{5} =$ 0,6
$\frac{4}{5} =$ 0,8

Rechentrick bei (+) (–) (·) (siehe Seite 7, 15 und 29)

2
5,25 € + 0,99 € = 6,24€
16,40 € + 3,98 € = 20,38€
7,50 € + 9,99 € = 17,49€
15,60 € – 5,99 € = 9,61€
4,80 € – 1,99 € = 2,81€
19,30 € – 7,98 € = 11,32€

3
3,99 € · 5 = 19,95€
8,99 € · 3 = 26,97€
12,99 € · 2 = 25,98€
4,98 € · 4 = 19,92€
11,98 € · 3 = 35,94€
3,98 € · 8 = 31,84€

4

–	9,99 €
10,00 €	0,01€
15,00 €	5,01€
14,50 €	4,51€
21,80 €	11,81€
13,45 €	3,46€
50,00 €	40,01€

5*

–	$\frac{1}{3}$	$\frac{1}{4}$	$\frac{1}{5}$	$\frac{1}{6}$	$\frac{1}{10}$
1	$\frac{2}{3}$	$\frac{3}{4}$	$\frac{4}{5}$	$\frac{5}{6}$	$\frac{9}{10}$
$\frac{1}{2}$	$\frac{3-2}{6} = \frac{1}{6}$	$\frac{2-1}{4} = \frac{1}{4}$	$\frac{5-2}{10} = \frac{3}{10}$	$\frac{3-1}{6} = \frac{2}{6} = \frac{1}{3}$	$\frac{5-1}{10} = \frac{4}{10} = \frac{2}{5}$
$\frac{1}{3}$	0	$\frac{4-3}{12} = \frac{1}{12}$	$\frac{5-3}{15} = \frac{2}{15}$	$\frac{2-1}{6} = \frac{1}{6}$	$\frac{10-3}{30} = \frac{7}{30}$
$\frac{1}{4}$	$\frac{3-4}{12}$ n.l.	0	$\frac{5-4}{20} = \frac{1}{20}$	$\frac{3-2}{12} = \frac{1}{12}$	$\frac{5-2}{20} = \frac{3}{20}$
$\frac{1}{5}$	$\frac{3-5}{15}$ n.l.	$\frac{4-5}{20}$ n.l.	0	$\frac{6-5}{30} = \frac{1}{30}$	$\frac{2-1}{10} = \frac{1}{10}$

5 *Schreibe „n. l." bei nicht lösbaren Aufgaben.

Schreibe als Dezimalzahl.

1
$3\frac{1}{4} =$ 3,25
$4\frac{1}{5} =$ 4,2
$1\frac{1}{2} =$ 1,5
$9\frac{2}{5} =$ 9,4
$1\frac{3}{4} =$ 1,75
$2\frac{7}{10} =$ 2,7
$6\frac{1}{4} =$ 6,25

2
$5\frac{1}{8} =$ 5,125
$2\frac{3}{4} =$ 2,75
$6\frac{3}{5} =$ 6,6
$8\frac{3}{8} =$ 8,375
$3\frac{1}{10} =$ 3,1
$1\frac{7}{8} =$ 1,875
$4\frac{1}{8} =$ 4,125

3
$9\frac{1}{4} =$ 9,25
$1\frac{5}{8} =$ 1,625
$3\frac{4}{5} =$ 3,8
$7\frac{1}{2} =$ 7,5
$6\frac{1}{4} =$ 6,25
$2\frac{3}{4} =$ 2,75
$5\frac{9}{10} =$ 5,9

Bei einigen Aufgaben kannst du einen Rechentrick anwenden.

4
3,45 € · 3 = 10,35€
6,99 € · 5 = 34,95€
7,20 € · 4 = 28,80€
2,98 € · 8 = 23,84€
4,60 € · 6 = 27,60€

5
7,50 € + 2,34 € = 9,84€
6,25 € + 1,99 € = 8,24€
9,85 € – 3,50 € = 6,35€
8,60 € – 4,98 € = 3,62€
6,93 € – 5,10 € = 1,83€

6
6,80 € : 2 = 3,40€
4,20 € : 7 = 0,60€
6,15 € : 3 = 2,05€
7,20 € : 8 = 0,90€
3,72 € : 6 = 0,62€

Löse mithilfe der Umkehraufgabe.

7
$3\frac{11}{14} - \frac{2}{7} = 3\frac{1}{2}$ K: $3\frac{1}{2} + \frac{2}{7} = \frac{7}{2} + \frac{2}{7} = \frac{49+4}{14} = \frac{53}{14} = 3\frac{11}{14}$
$2\frac{1}{12} - \frac{5}{6} = 1\frac{1}{4}$ K: $1\frac{1}{4} + \frac{5}{6} = \frac{5}{4} + \frac{5}{6} = \frac{15+10}{12} = \frac{25}{12} = 2\frac{1}{12}$
$1\frac{3}{8} : \frac{1}{4} = 5\frac{1}{2}$ K: $5\frac{1}{2} \cdot \frac{1}{4} = \frac{11}{2} \cdot \frac{1}{4} = \frac{11}{8} = 1\frac{3}{8}$
$1\frac{3}{8} : \frac{5}{8} = 2\frac{1}{5}$ K: $2\frac{1}{5} \cdot \frac{5}{8} = \frac{11}{\cancel{5}_1} \cdot \frac{\cancel{5}^1}{8} = \frac{11}{8} = 1\frac{3}{8}$
$5\frac{7}{12} + \frac{2}{3} = 6\frac{1}{4}$ K: $6\frac{1}{4} - \frac{2}{3} = \frac{25}{4} - \frac{2}{3} = \frac{75-8}{12} = \frac{67}{12} = 5\frac{7}{12}$
$3\frac{5}{6} + \frac{1}{2} = 4\frac{1}{3}$ K: $4\frac{1}{3} - \frac{1}{2} = \frac{13}{3} - \frac{1}{2} = \frac{26-3}{6} = \frac{23}{6} = 3\frac{5}{6}$
$1\frac{7}{8} \cdot \frac{4}{5} = 1\frac{1}{2}$ K: $1\frac{1}{2} : \frac{4}{5} = \frac{3}{2} : \frac{4}{5} = \frac{3}{2} \cdot \frac{5}{4} = \frac{15}{8} = 1\frac{7}{8}$
$37\frac{1}{2} \cdot \frac{1}{10} = 3\frac{3}{4}$ K: $3\frac{3}{4} : \frac{1}{10} = \frac{15}{4} \cdot \frac{10}{1} = \frac{150}{4} = 37\frac{2}{4} = 37\frac{1}{2}$

Das Übungsheft 6 – Lösungen (Seite 38–41)

a) $0{,}5 = \frac{5}{10} = \frac{1}{2}$ b) $0{,}75 = \frac{75}{100} = \frac{3}{4}$

Schreibe als Bruch. Kürze, wenn möglich.

1
- $0{,}25 = \frac{25}{100} = \frac{1}{4}$
- $0{,}4 = \frac{4}{10} = \frac{2}{5}$
- $0{,}125 = \frac{125}{1000} = \frac{1}{8}$
- $0{,}2 = \frac{2}{10} = \frac{1}{5}$
- $0{,}375 = \frac{375}{1000} = \frac{3}{8}$
- $0{,}6 = \frac{6}{10} = \frac{3}{5}$
- $0{,}3 = \frac{3}{10}$
- $0{,}7 = \frac{7}{10}$

2
- $0{,}8 = \frac{8}{10} = \frac{4}{5}$
- $0{,}75 = \frac{75}{100} = \frac{3}{4}$
- $0{,}625 = \frac{625}{1000} = \frac{5}{8}$
- $0{,}5 = \frac{1}{2}$
- $0{,}875 = \frac{875}{1000} = \frac{7}{8}$
- $0{,}1 = \frac{1}{10}$
- $0{,}9 = \frac{9}{10}$
- $0{,}750 = \frac{75\cancel{0}}{100\cancel{0}} = \frac{3}{4}$

Bei einigen Aufgaben kannst du einen Rechentrick anwenden.

3
- 435 + 220 = 655
- 367 + 199 = 566
- 570 + 145 = 715
- 228 + 299 = 527
- 383 – 170 = 213
- 750 – 399 = 351
- 985 – 270 = 715
- 890 – 340 = 550

4
- 1,99 · 3 = 5,97
- 2,75 · 2 = 5,50
- 3,98 · 4 = 15,92
- 6,30 · 3 = 18,90
- 5,50 : 5 = 1,10
- 4,80 : 2 = 2,40
- 9,90 : 3 = 3,30
- 1,28 : 4 = 0,32

5
- 799 – 350 = 449
- 6,99 · 3 = 20,97
- 12,50 : 2 = 6,25
- 345 + 599 = 944
- 862 – 499 = 363
- 4,98 · 5 = 24,90
- 15,98 · 2 = 31,96
- 14,70 : 7 = 2,10

6

+	25	50	100	17
37	62	87	137	54
93	118	143	193	110
69	94	119	169	86

7*

–	40	65	0	35
115	75	50	115	80
78	38	13	78	43
40	0	n.l.	40	5

7 *Schreibe „n. l.“ bei nicht lösbaren Aufgaben.

Beim Multiplizieren – Komma nach rechts!
a) 4,46 · 10 = 44,6 b) 1,75 · 100 = 175 c) 2,50 · 30 = 75,0

1
- 23,52 · 10 = 235,2
- 4,35 · 20 = 87
- 76,5 · 10 = 765
- 0,12 · 30 = 3,60
- 6,05 · 10 = 60,5
- 10,20 · 40 = 408
- 0,07 · 10 = 0,7
- 3,16 · 20 = 63,2

2
- 1,425 · 100 = 142,5
- 0,27 · 100 = 27
- 6,4 · 200 = 1 280
- 0,540 · 100 = 54,0
- 1,25 · 300 = 375
- 80,05 · 200 = 16 010
- 13,05 · 100 = 1 305
- 0,99 · 200 = 198

3
- 3,75 · 20 = 75
- 0,16 · 300 = 48
- 47,08 · 10 = 470,8
- 1,14 · 400 = 456
- 0,276 · 20 = 5,52
- 8,05 · 100 = 805
- 0,40 · 500 = 200
- 10,50 · 50 = 525

4
- $\frac{3}{4} : 7 = \frac{3}{4} \cdot \frac{1}{7} = \frac{3}{28}$ K: $\frac{3}{\cancel{28}_4} \cdot \cancel{7}^1 = \frac{3}{4}$
- $\frac{3}{5} : 6 = \frac{\cancel{3}^1}{5} \cdot \frac{1}{\cancel{6}_2} = \frac{1}{10}$ K: $\frac{1}{10} \cdot 6 = \frac{6}{10} = \frac{3}{5}$
- $\frac{5}{8} : 4 = \frac{5}{8} \cdot \frac{1}{4} = \frac{5}{32}$ K: $\frac{5}{\cancel{32}_8} \cdot \cancel{4}^1 = \frac{5}{8}$
- $\frac{7}{10} : 5 = \frac{7}{10} \cdot \frac{1}{5} = \frac{7}{50}$ K: $\frac{7}{\cancel{50}_{10}} \cdot \cancel{5}^1 = \frac{7}{10}$
- $\frac{1}{6} : 8 = \frac{1}{6} \cdot \frac{1}{8} = \frac{1}{48}$ K: $\frac{1}{\cancel{48}_6} \cdot \cancel{8}^1 = \frac{1}{6}$

5

·	$\frac{1}{3}$	$\frac{1}{10}$	$\frac{1}{4}$	$\frac{1}{6}$	$\frac{1}{7}$	$\frac{1}{5}$	$\frac{1}{12}$	$\frac{1}{8}$	$\frac{1}{2}$
$\frac{1}{2}$	$\frac{1}{6}$	$\frac{1}{20}$	$\frac{1}{8}$	$\frac{1}{12}$	$\frac{1}{14}$	$\frac{1}{10}$	$\frac{1}{24}$	$\frac{1}{16}$	$\frac{1}{4}$
$\frac{1}{4}$	$\frac{1}{12}$	$\frac{1}{40}$	$\frac{1}{16}$	$\frac{1}{24}$	$\frac{1}{28}$	$\frac{1}{20}$	$\frac{1}{48}$	$\frac{1}{32}$	$\frac{1}{8}$
$\frac{1}{5}$	$\frac{1}{15}$	$\frac{1}{50}$	$\frac{1}{20}$	$\frac{1}{30}$	$\frac{1}{35}$	$\frac{1}{25}$	$\frac{1}{60}$	$\frac{1}{40}$	$\frac{1}{10}$

Beim Dividieren – Komma nach links!
Beim Multiplizieren – Komma nach rechts!
a) 44,6 : 10 = 4,46 b) 759 : 100 = 7,59 c) 66,90 : 30 = 2,23
4,46 · 10 = 44,6 7,59 · 100 = 759 2,23 · 30 = 66,90

Kontrolliere mit der Umkehraufgabe.

1
- 86,50 : 10 = 8,65 ✓ K: 8,65 · 10 = 86,5
- 86,50 : 20 = 4,325 K: 4,325 · 20 = 86,5
- 106,08 : 10 = 10,608 K: 10,608 · 10 = 106,08
- 16,08 : 20 = 0,804 K: 0,804 · 20 = 16,08
- 24,60 : 30 = 0,82 K: 0,82 · 30 = 24,60
- 8,40 : 10 = 0,84 K: 0,84 · 10 = 8,40
- 8,40 : 40 = 0,21 K: 0,21 · 40 = 8,40
- 150,00 : 50 = 3 K: 3 · 50 = 150,00

2

:	10
23,55	2,355
1,76	0,176
10,80	1,080
340,50	34,050
6,99	0,699
37,03	3,703
156,80	15,680

3
- 178,50 : 100 = 1,785 K: 1,785 · 100 = 178,50
- 36,50 : 200 = 0,1825 K: 0,1825 · 200 = 36,50
- 9,14 : 100 = 0,0914 K: 0,0914 · 100 = 9,14
- 18,20 : 200 = 0,0901 K: 0,0901 · 200 = 18,20
- 120,00 : 300 = 0,4 K: 0,4 · 300 = 120,00
- 7,99 : 100 = 0,0799 K: 0,0799 · 100 = 7,99
- 820,00 : 400 = 2,05 K: 2,05 · 400 = 820,00
- 63,09 : 100 = 0,6309 K: 0,6309 · 100 = 63,09

4

:	100
123,50	1,2350
15,85	0,1585
366,40	3,664
7,05	0,0705
44,20	0,442
0,66	0,0066
108,90	1,089

5*

–	1,50	3,99	10,00	6,98	9,00
9,30	7,80	5,31	n.l.	2,32	0,30
12,85	11,35	8,86	2,85	5,87	3,85
10,50	9	6,51	0,50	3,52	1,50

5 *Schreibe „n. l.“ bei nicht lösbaren Aufgaben.

1 Merke:

- $0{,}1 = \frac{1}{10} = \frac{1}{10}$ $0{,}2 = \frac{2}{10} = \frac{1}{5}$ $0{,}125 = \frac{125}{1000} = \frac{1}{8}$
- $0{,}5 = \frac{5}{10} = \frac{1}{2}$ $0{,}4 = \frac{4}{10} = \frac{2}{5}$ $0{,}3 = \frac{3}{10} = \frac{3}{10}$
- $0{,}25 = \frac{25}{100} = \frac{1}{4}$ $0{,}6 = \frac{6}{10} = \frac{3}{5}$ $0{,}625 = \frac{625}{1000} = \frac{5}{8}$
- $0{,}75 = \frac{75}{100} = \frac{3}{4}$ $0{,}1 = \frac{1}{10} = \frac{1}{10}$ $0{,}9 = \frac{9}{10} = \frac{9}{10}$
- $0{,}8 = \frac{8}{10} = \frac{4}{5}$ $0{,}7 = \frac{7}{10} = \frac{7}{10}$ $0{,}375 = \frac{375}{1000} = \frac{3}{8}$

	Aufgabe:	Bedeutet:	Ich rechne:	Lösung:
2	0,1 · 35	$\frac{1}{10}$ von 35	35:10	0,1 · 35 = 3,5
3	0,3 · 150	$\frac{3}{10}$ von 150	150:10, dann · 3	0,3 · 150 = 45
4	0,75 · 120	$\frac{3}{4}$ von 120	120:4, dann · 3	0,75 · 120 = 90
5	0,2 · 78	$\frac{2}{10}$ / $\frac{1}{5}$ von 78	78:10, dann · 2	0,2 · 78 = 15,6
6	0,25 · 160	$\frac{1}{4}$ von 160	160:4	0,25 · 160 = 40
7	0,5 · 182	$\frac{1}{2}$ von 182	182:2	0,5 · 182 = 91
8	0,1 · 930	$\frac{1}{10}$ von 930	930:10	0,1 · 930 = 93
9	0,75 · 84	$\frac{3}{4}$ von 84	84:4, dann · 3	0,75 · 84 = 63
10	0,6 · 150	$\frac{6}{10}$ / $\frac{3}{5}$ von 150	150:5, dann · 3	0,6 · 150 = 90
11	0,5 · 72	$\frac{1}{2}$ von 72	72:2	0,5 · 72 = 36
12	0,25 · 12	$\frac{1}{4}$ von 12	12:4	0,25 · 12 = 3
13	0,125 · 80	$\frac{1}{8}$ von 80	80:8	0,3 · 150 = 10
14	0,625 · 400	$\frac{5}{8}$ von 400	400:8, dann · 5	0,625 · 400 = 250
15	0,375 · 120	$\frac{3}{8}$ von 120	120:8, dann · 3	0,375 · 120 = 45

A	C	E	G	H	I	K	L	N	O	P	R	S	T	V	Y	Ä	Ö
0	$\frac{1}{7}$	$\frac{5}{12}$	$\frac{3}{4}$	0,9	$1\frac{1}{4}$	1,5	2,74	7	21	45	102	169	375	548	735	873	1 000

150 : 100 = 1,5 K
0,75 + 1,99 = 2,74 L
$\frac{5}{18} : \frac{2}{3} = \frac{5}{12}$ E
$3\frac{1}{2} : \frac{1}{6}$ = 21 O
0,75 · 60 = 45 P
$\frac{20}{35} - \frac{4}{7}$ = 0 A
874 – 499 = 375 T
0,25 · 408 = 102 R
$\frac{7}{25} \cdot 0$ = 0 A
9 · 97 = 873 Ä

3 · 0,25 = $0{,}75 = \frac{3}{4}$ G
73,5 · 10 = 735 Y
450 : 10 = 45 P
75 · 5 = 375 T
$1\frac{2}{28} + \frac{1}{7} = \frac{35}{28} = 1\frac{1}{4}$ I
13^2 = 169 S
$\frac{5}{7} : 5 = \frac{1}{7}$ C
90 : 100 = 0,9 H
$\frac{13}{24} - \frac{1}{8} = \frac{5}{12}$ E
0,3 · 5 = 1,5 K

250 : $\frac{1}{4}$ = 1000 Ö
84 : 12 = 7 N
$1\frac{17}{20} - \frac{3}{5} = 1\frac{1}{4}$ I
7,5 : 10 = $0{,}75 = \frac{3}{4}$ G
$3\frac{1}{8} \cdot \frac{2}{5} = 1\frac{1}{4}$ I
175 : 25 = 7 N
349 + 199 = 548 V
$\frac{1}{28} : \frac{1}{4} = \frac{1}{7}$ C
$\frac{7}{10} + \frac{2}{10} = \frac{9}{10} = 0{,}9$ H
6 · 17 = 102 R

K L E O P A T R A war eine berühmte Ä G Y P T I S C H E K Ö N I G I N, die von 69 bis 30 V. C H R., also vor über 2 000 Jahren lebte.

1

·	10	20	100	1 000
36,50	365,00	730	3 650	36 500
125,75	1 257,5	2 515	12 575	125 750
0,16	1,6	3,2	16	160

2

:	1	10	100	1 000
195,20	195,20	19,52	1,952	0,1952
61 325,65	61 325,65	6 132,565	613,2565	61,32565
8 576,99	8 576,99	857,699	85,7699	8,57699

3
0,5 · 360 = 180
0,1 · 135 = 13,5
0,7 · 500 = 350

4
0,25 · 240 = 60
0,75 · 400 = 300
0,30 · 170 = 51

5
0,8 · 76 = 60,8
0,2 · 45 = 9
0,5 · 11 = 5,5

Rechne so weit du kannst. Fertig, los!

6
1,99 · 20 = 39,8
2,99 · 18 = 53,82
3,99 · 16 = 63,84
4,99 · 14 = 69,86
5,99 · 12 = 71,88
6,99 · 10 = 69,9
7,99 · 8 = 63,92
8,99 · 6 = 53,94
9,99 · 4 = 39,96
10,99 · 2 = 21,98

7
$1 + \frac{1}{2} = 1\frac{1}{2}$
$1\frac{1}{4} + \frac{1}{3} = \frac{19}{12} = 1\frac{7}{12}$
$1\frac{1}{2} + \frac{1}{4} = \frac{7}{4} = 1\frac{3}{4}$
$1\frac{3}{4} + \frac{1}{5} = \frac{39}{20} = 1\frac{19}{20}$
$2 + \frac{1}{6} = \frac{13}{6} = 2\frac{1}{6}$
$2\frac{1}{4} + \frac{1}{7} = \frac{63+4}{28} = \frac{67}{28} = 2\frac{11}{28}$
$2\frac{1}{2} + \frac{1}{8} = \frac{21}{8} = 2\frac{5}{8}$
$2\frac{3}{4} + \frac{1}{9} = \frac{103}{36} = 2\frac{31}{36}$
$3 + \frac{1}{10} = 3\frac{1}{10}$
$3\frac{1}{4} + \frac{1}{11} = \frac{147}{44} = 3\frac{15}{44}$

8
0,0 · 1 000 = 0
0,1 · 950 = 95
0,2 · 900 = 180
0,3 · 850 = 255
0,4 · 800 = 320
0,5 · 750 = 375
0,6 · 700 = 420
0,7 · 650 = 455
0,8 · 600 = 480
0,9 · 550 = 495

Mathe-fit-Test 4

1
$\frac{1}{2}$ = 0,5 $\frac{1}{8}$ = 0,125 $\frac{3}{4}$ = 0,75 $\frac{1}{5}$ = 0,2
$\frac{1}{4}$ = 0,25 $\frac{5}{8}$ = 0,625 $\frac{7}{10}$ = 0,7 $\frac{3}{5}$ = 0,6

2
6,50 + 2,50 = 9,00
2,75 + 3,99 = 6,74
3,80 + 1,60 = 5,40
8,20 – 2,70 = 5,50
5,38 – 3,99 = 1,39
6,10 – 1,50 = 4,60
7,99 · 4 = 31,96
3,50 · 8 = 28
2,98 · 6 = 17,88

3
0,4 = $\frac{4}{10}$ $\frac{2}{5}$
0,25 = $\frac{25}{100}$ $\frac{1}{4}$
0,375 = $\frac{375}{1000}$ $\frac{3}{8}$
0,625 = $\frac{625}{1000}$ $\frac{5}{8}$
0,9 = $\frac{9}{10}$
0,75 = $\frac{75}{100}$ $\frac{3}{4}$

4
0,73 · 100 = 73
4,08 · 10 = 40,8
0,50 · 200 = 100
17,50 : 10 = 1,75
6,99 : 10 = 0,699
20,36 : 10 = 4,072
866,40 : 100 = 8,644
40,38 : 200 = 0,2019
190,99 : 100 = 1,9099

5
$\frac{1}{2} + \frac{1}{6} = \frac{3+1}{6} + \frac{4}{6} = \frac{2}{3}$
$\frac{1}{4} + \frac{3}{8} = \frac{2+3}{8} = \frac{5}{8}$
$\frac{3}{5} - \frac{1}{8} = \frac{24-5}{40} = \frac{19}{40}$
$\frac{5}{6} - \frac{1}{7} = \frac{35-6}{42} = \frac{29}{42}$
$\frac{4}{5} \cdot \frac{3}{4} = \frac{4^1}{5} \cdot \frac{3}{4_1} = \frac{3}{5}$
$\frac{1}{2} \cdot \frac{3}{7} = \frac{3}{14}$
$\frac{5}{9} \cdot \frac{1}{8} = \frac{5}{72}$
$\frac{1}{4} \cdot \frac{1}{12} = \frac{1}{48}$
$\frac{5}{13} : \frac{2}{7} = \frac{35}{26} = 1\frac{9}{26}$
$\frac{1}{4} : \frac{3}{9} = \frac{9}{12} = \frac{3}{4}$
$\frac{7}{12} : \frac{3}{8} = \frac{14}{9} = 1\frac{5}{9}$
$\frac{6}{10} : 4 = \frac{6}{40} = \frac{3}{20}$

6
0,5 · 86 = 43
0,1 · 94 = 9,4
0,3 · 40 = 12
0,25 · 180 = 45
0,8 · 320 = 256
0,75 · 800 = 600
0,125 · 96 = 12
0,625 · 72 = 45
0,875 · 16 = 14

Du hast ☐ Aufgaben richtig gelöst.

1

Aufgabe:	Ich rechne:
3 · 1,7 = 5,1	3 · 17 = 51, dann Komma (1 Stelle!) 5,1
18 · 0,4 = 7,2	18 · 4 = 72, dann Komma (1 Stelle!) 7,2
19 · 0,05 = 0,95	19 · 5 = 95, dann Komma (2 Stellen!) 0,95
1,4 · 0,7 = 0,98	14 · 7 = 98, dann Komma (2 Stellen!) 0,98
6 · 1,3 = 7,8	6 · 13 = 78, dann Komma (1 Stelle!) 7,8
15 · 0,5 = 7,5	15 · 5 = 75, dann Komma (1 Stelle!) 7,5
12 · 0,08 = 0,96	12 · 8 = 96, dann Komma (2 Stellen!) 0,96
1,8 · 0,6 = 1,08	18 · 6 = 108, dann Komma (2 Stellen!) 1,08

2
5 · 1,7 = 8,5
9 · 1,7 = 15,3
3 · 1,9 = 5,7
7 · 1,9 = 13,3
6 · 1,2 = 7,2
9 · 1,2 = 10,8

3
12 · 0,06 = 0,72
14 · 0,08 = 1,12
18 · 0,07 = 1,26
13 · 0,04 = 0,52
16 · 0,07 = 1,12
19 · 0,08 = 1,52

4
1,3 · 0,9 = 1,17
1,5 · 0,8 = 1,2
1,7 · 0,7 = 1,19
1,6 · 0,4 = 0,64
1,4 · 0,3 = 0,42
1,8 · 0,9 = 1,62

5
3,5 + 0,75 + 1,75 = 6
0,5 + 2,25 + 0,75 = 3,5
4,75 + 3,20 + 0,25 = 8,2
0,60 + 1,80 + 2,50 = 4,9

6
7,10 + 3,75 + 2,90 = 13,75
0,60 + 1,30 + 4,20 = 6,1
1,99 + 0,99 + 3,99 = 6,97
2,50 + 0,25 + 1,99 = 4,74

7

Zahl x	50	160	70	180	900	1 000
$\frac{1}{4}$x	$12\frac{1}{2}$	40	$17\frac{1}{2}$	45	225	250
$\frac{3}{4}$x	$37\frac{1}{2}$	120	$52\frac{1}{2}$	135	675	750
$\frac{1}{2}$x	25	80	35	90	450	500

1

Aufgabe:	Ich rechne:
19 · 0,007 = 0,133	19 · 7 = 133, dann Komma (3 Stellen!) 0,133
2,7 · 5 = 13,5	27 · 5 = 135, dann Komma (1 Stelle!) 13,5
0,6 · 1,07 = 0,642	6 · 107 = 642, dann Komma (3 Stellen!) 0,642
0,04 · 37 = 1,48	4 · 37 = 148, dann Komma (2 Stellen!) 1,48

2
13 · 0,007 = 0,091
15 · 0,009 = 0,135
17 · 0,004 = 0,068
12 · 0,008 = 0,096
16 · 0,005 = 0,080
14 · 0,006 = 0,084

3
2,8 · 3 = 8,4
3,2 · 6 = 19,2
2,8 · 5 = 14
3,4 · 2 = 6,8
2,8 · 4 = 11,2
5,1 · 7 = 35,7

4
0,3 · 1,08 = 0,324
0,4 · 1,12 = 0,448
0,9 · 1,07 = 0,963
0,6 · 1,13 = 0,678
0,2 · 2,35 = 0,470
0,3 · 3,23 = 0,969

5
370 + 236 = 606
436 + 199 = 635
740 + 153 = 893

6
890 – 340 = 550
635 – 250 = 385
768 – 499 = 269

7
1 000 – 480 = 520
1 000 – 899 = 101
1 000 – 528 = 472

8
15^2 = 225 14^2 = 196 13^2 = 169 2^6 = 64
12^2 = 144 11^2 = 121 10^3 = 1000 5^3 = 125

Löse mithilfe der Umkehraufgabe.

9
$2\frac{5}{8} - \frac{3}{8} = 2\frac{1}{4}$ K: $2\frac{1}{4} + \frac{3}{8} = \frac{18+3}{8} = \frac{21}{8} = 2\frac{5}{8}$
$102 : 17 = 6$ K: $6 \cdot 17 = 102$
$\frac{7}{12} + \frac{3}{4} = 1\frac{1}{3}$ K: $1\frac{1}{3} - \frac{3}{4} = \frac{4}{3} - \frac{3}{4} = \frac{16-9}{12} = \frac{7}{12}$
$157 - 63 = 94$ K: $94 + 63 = 157$
$1\frac{1}{2} \cdot \frac{5}{6} = 1\frac{1}{4}$ K: $1\frac{1}{4} : \frac{5}{6} = \frac{5}{4} \cdot \frac{6}{5} = \frac{6}{4} = 1\frac{2}{4} = 1\frac{1}{2}$
$27 + 99 = 126$ K: $126 - 99 = 27$
$3\frac{1}{3} : \frac{2}{3} = 5$ K: $5 \cdot \frac{2}{3} = \frac{5 \cdot 2}{3} = \frac{10}{3} = 3\frac{1}{3}$

a) $1 : 4 = \frac{1}{4} = \frac{25}{100} = 0{,}25$ b) $1 : 25 = \frac{1}{25} = \frac{4}{100} = 0{,}04$

Schreibe und rechne wie in den Beispielen.

1
$1 : 5 = \frac{1}{5} = \frac{2}{10} = 0{,}2$
$1 : 20 = \frac{1}{20} = \frac{5}{100} = 0{,}05$
$3 : 4 = \frac{3}{4} = \frac{75}{100} = 0{,}75$
$6 : 25 = \frac{6}{25} = \frac{24}{100} = 0{,}24$
$1 : 2 = \frac{1}{2} = \frac{5}{10} = 0{,}5$
$1 : 8 = \frac{1}{8} = \frac{125}{1000} = 0{,}125$
$4 : 5 = \frac{4}{5} = \frac{8}{10} = 0{,}8$
$7 : 20 = \frac{7}{20} = \frac{35}{100} = 0{,}35$

2*
$3 : 5 = \frac{3}{5} = \frac{6}{10} = 0{,}6$
$1 : 50 = \frac{1}{50} = \frac{2}{100} = 0{,}02$
$7 : 10 = \frac{7}{10} = 0{,}7$
$1 : 100 = \frac{1}{100} = 0{,}01$
3 : 0 = n. l.
$33 : 100 = \frac{33}{100} = 0{,}33$
$9 : 25 = \frac{9}{25} = \frac{36}{100} = 0{,}36$
$7 : 50 = \frac{7}{50} = \frac{14}{100} = 0{,}14$

3
4,50 € · 4 = 18,00 €
3,99 € · 6 = 23,94 €
6,20 € · 3 = 18,60 €
0,99 € · 8 = 7,92 €
7,15 € · 2 = 14,30 €
9,98 € · 5 = 49,90 €

4
9,00 € – 2,50 € – 2,50 € = 4,00 €
10,50 € – 1,25 € – 0,75 € = 8,50 €
8,00 € – 2,99 € – 1,99 € = 3,02 €
3,80 € + 1,50 € + 6,20 € = 11,50 €
5,50 € + 3,99 € + 1,99 € = 11,48 €
7,00 € + 8,50 € + 0,99 € = 16,49 €

5

·	0,36	2,8	25	1,5	0,17
3	1,08	8,4	75	4,5	0,51
0,7	0,252	1,96	17,5	1,05	0,119
10	3,6	28	250	15	1,7
0,04	0,0144	0,112	1,00	0,06	0,0068
6	2,16	16,8	150	9	1,02
0,5	0,18	1,4	12,5	0,75	0,085

2 *Schreibe „n. l." bei nicht lösbaren Aufgaben.

1 Merke:
$3{,}5 = 3\frac{1}{2}$ $0{,}5 = \frac{1}{2}$ $2{,}25 = 2\frac{1}{4}$
$0{,}25 = \frac{1}{4}$ $0{,}75 = \frac{3}{4}$ $1{,}75 = 1\frac{3}{4}$
$2{,}1 = 2\frac{1}{10}$ $0{,}08 = \frac{8}{100}$ $3{,}5 = 3\frac{1}{2}$
$0{,}125 = \frac{1}{8}$ $0{,}375 = \frac{3}{8}$ $0{,}625 = \frac{5}{8}$

2

Aufgabe:	Ich rechne:
3,5 · 230 = 805	$3 \cdot 230 = 690$ / $\frac{1}{2}$ von $230 = 115$ / $690 + 115$
2,25 · 1,60 = 3,60	$2 \cdot 1{,}60 = 3{,}20$ / $\frac{1}{4}$ von $1{,}60 = 0{,}40$ / $3{,}20 + 0{,}40$
0,375 · 320 = 120	$\frac{3}{8}$ von 320 / $\frac{1}{8}$ von $320 = 40$ / $3 \cdot 40 = 120$
0,07 · 80 = 5,6	$\frac{7}{100}$ von 80 / $\frac{1}{100}$ von $80 = 0{,}8$ / $7 \cdot 0{,}8 = 5{,}6$
120 · 0,75 = 90	$\frac{3}{4}$ von 120 / $\frac{1}{4}$ von $120 = 30$ / $3 \cdot 30 = 90$

3
1,125 · 80 = 90
0,09 · 170 = 15,3
0,25 · 12 = 3
14 · 4,50 = 63
350 · 0,03 = 10,50

4
0,625 · 24 = 15
50 · 0,04 = 2
20 · 2,75 = 55
3,2 · 40 = 128
420 · 0,5 = 210

5
43 · 0,7 = 30,1
52 · 0,07 = 3,64
0,75 · 64 = 48
96 · 1,50 = 144
0,25 · 360 = 90

6
735 – 299 = 436
850 – 623 = 227

7
256 + 199 = 455
388 + 220 = 608

8
930 – 799 = 131
670 – 180 = 490

9

+	$\frac{1}{2}$	$\frac{1}{4}$	$\frac{1}{5}$
$\frac{3}{4}$	$\frac{3+2}{4} = \frac{5}{4} = 1\frac{1}{4}$	$\frac{3+1}{4} = 1$	$\frac{15+4}{20} = \frac{19}{20}$
$\frac{2}{5}$	$\frac{4+5}{10} = \frac{9}{10}$	$\frac{8+5}{20} = \frac{13}{20}$	$\frac{2+1}{5} = \frac{3}{5}$

10

–	$\frac{1}{2}$	$\frac{1}{3}$	$\frac{1}{5}$
$\frac{3}{4}$	$\frac{3-2}{4} = \frac{1}{4}$	$\frac{9-4}{12} = \frac{5}{12}$	$\frac{15-4}{20} = \frac{11}{20}$
$\frac{4}{5}$	$\frac{8-5}{10} = \frac{3}{10}$	$\frac{12-5}{15} = \frac{7}{15}$	$\frac{4-1}{5} = \frac{3}{5}$

1

Aufgabe:	Ich rechne:
3,20 : 4 = 0,80	32 : 4 = 8, dann ist 3,20 : 4 = 0,80
1,80 : 20 = 0,09	180 : 20 = 9, dann ist 1,80 : 20 = 0,09
1,60 : 8 = 0,20	16 : 8 = 2, dann ist 1,60 : 8 = 0,20
7,60 : 19 = 0,40	76 : 19 = 4, dann ist 7,60 : 19 = 0,40

2
1,80 : 3 = 0,60
2,40 : 8 = 0,30
3,20 : 8 = 0,40
7,20 : 9 = 0,80
6,40 : 8 = 0,80
2,70 : 3 = 0,90

3
1,40 : 20 = 0,07
1,20 : 30 = 0,04
1,50 : 50 = 0,03
2,40 : 80 = 0,03
0,60 : 20 = 0,03
3,60 : 40 = 0,09

4
7,20 : 12 = 0,6
13,50 : 15 = 0,9
9,80 : 14 = 0,7
10,80 : 18 = 0,6
9,10 : 13 = 0,7
7,50 : 15 = 0,5

Rechentrick für ⊙ mal

Beispiel: schwer: 14 · 19 =
leicht: 19 · 14 = 266

Ich rechne: 20 · 14 = 280, dann – 14.

5
13 · 19 = 247
15 · 19 = 285
17 · 19 = 323
18 · 19 = 342

6
19 · 12 = 228
19 · 20 = 380
19 · 16 = 304
19 · 11 = 209

7
25 · 19 = 475
34 · 19 = 646
26 · 19 = 494
35 · 19 = 665

8

·	$\frac{1}{2}$	$\frac{1}{4}$	$\frac{1}{5}$
$\frac{3}{4}$	$\frac{3}{8}$	$\frac{3}{16}$	$\frac{3}{20}$

9

:	$\frac{1}{2}$	$\frac{1}{4}$	$\frac{1}{5}$
$\frac{3}{4}$	$\frac{3}{\not{4}_2} \cdot \frac{\not{2}^1}{1} = \frac{3}{2}$	$\frac{3}{\not{4}_1} \cdot \frac{\not{4}^1}{1} = 3$	$\frac{3}{4} \cdot \frac{5}{1} = \frac{15}{4} = 3\frac{3}{4}$

1

Aufgabe:	Ich rechne:	Ich kontrolliere:
1,8 : 0,3 = 6 ✓	18 : 3 = 6	6 · 0,3 = 1,8
36 : 0,04 = 900	3600 : 4 = 900	900 · 0,04 = 36,00
1,6 : 0,08 = 20	160 : 8 = 20	20 · 0,08 = 1,60
27 : 0,9 = 30	270 : 9 = 30	30 · 0,9 = 27
0,6 : 0,03 = 20	60 : 3 = 20	20 · 0,03 = 0,6

Erweitere wie in den Beispielen. Kontrolliere mit der Umkehraufgabe.

2
1,8 : 0,2 = 9 K: 9 · 0,2 = 1,8
3,5 : 0,7 = 5 K: 5 · 0,7 = 3,5
0,8 : 0,04 = 20 K: 20 · 0,04 = 0,8
2,4 : 0,6 = 4 K: 4 · 0,6 = 2,4
0,08 : 0,02 = 4 K: 4 · 0,02 = 0,08
35 : 0,7 = 50 K: 50 · 0,7 = 35
0,6 : 0,02 = 30 K: 30 · 0,02 = 0,6
2,7 : 0,9 = 3 K: 3 · 0,9 = 2,7
0,04 : 0,02 = 2 K: 2 · 0,02 = 0,04
56 : 0,8 = 70 K: 70 · 0,8 = 56
4,9 : 0,07 = 70 K: 70 · 0,07 = 4,9
5,08 : 0,1 = 50,8 K: 50,8 · 0,1 = 5,08
6,3 : 0,09 = 70 K: 70 · 0,09 = 6,3
5,5 : 0,5 = 11 K: 11 · 0,5 = 5,5
48 : 0,06 = 800 K: 800 · 0,06 = 48

3
6 000 : 300 = 20
6 000 : 20 = 300
8 000 : 400 = 20
4 000 : 200 = 20

4
32 000 : 4 000 = 8
1 800 : 600 = 3
24 000 : 8 000 = 3
72 000 : 900 = 80

5
240 : 60 = 4
1 800 : 90 = 20
580 : 20 = 29
6 400 : 80 = 80

1
7,2 : 1,2 = 6 K: 6 · 1,2 = 7,2
4,8 : 1,2 = 4 K: 4 · 1,2 = 4,8
6,0 : 1,2 = 5 K: 5 · 1,2 = 6,0
9,1 : 1,3 = 7 K: 7 · 1,3 = 9,1
3,9 : 1,3 = 3 K: 3 · 1,3 = 3,9
12,6 : 1,4 = 9 K: 9 · 1,4 = 12,6
7,0 : 1,4 = 5 K: 5 · 1,4 = 7,0

3

:	10
12,50	1,25
36	3,6
0,75	0,075
7,99	0,799
12,50	1,25
138	13,8
0,17	0,017

2
1,25 : 0,25 = 5 K: 5 · 0,25 = 1,25
0,75 : 0,25 = 3 K: 3 · 0,25 = 0,75
2,00 : 0,25 = 8 K: 8 · 0,25 = 2,0
1,50 : 0,25 = 6 K: 6 · 0,25 = 1,50
2,25 : 0,25 = 9 K: 9 · 0,25 = 2,25
1,75 : 0,25 = 7 K: 7 · 0,25 = 1,75
2,50 : 0,25 = 10 K: 10 · 0,25 = 2,50

4

:	100
163,55	1,6355
17,20	0,172
5,99	0,0599
750,85	7,5085
83,10	0,831
210,99	2,1099
99,54	0,9954

5 $3\frac{1}{2} : \frac{3}{5} = \frac{7}{2} \cdot \frac{5}{3} = \frac{35}{6} = 5\frac{5}{6}$ K: $5\frac{5}{6} \cdot \frac{3}{5} = \frac{35^{7}}{6_{2}} \cdot \frac{3^{1}}{5_{1}} = \frac{7}{2} = 3\frac{1}{2}$

6 $2\frac{1}{4} : 1\frac{1}{2} = \frac{9^{3}}{4_{2}} \cdot \frac{2^{1}}{3_{1}} = \frac{3}{2} = 1\frac{1}{2}$ K: $1\frac{1}{2} \cdot 1\frac{1}{2} = \frac{3}{2} \cdot \frac{3}{2} = \frac{9}{4} = 2\frac{1}{4}$

7 $4\frac{1}{3} : \frac{1}{4} = \frac{13}{3} \cdot \frac{4}{1} = \frac{52}{3} = 17\frac{1}{3}$ K: $17\frac{1}{3} \cdot \frac{1}{4} = \frac{52^{13}}{3} \cdot \frac{1}{4_{1}} = \frac{13}{3} = 4\frac{1}{3}$

8 $5\frac{3}{4} : 1\frac{2}{3} = \frac{23}{4} \cdot \frac{3}{5} = \frac{69}{20} = 3\frac{9}{20}$ K: $3\frac{9}{20} \cdot 1\frac{2}{3} = \frac{69^{23}}{20_{4}} \cdot \frac{5^{1}}{3_{1}} = \frac{23}{4} = 5\frac{3}{4}$

9

−	80	55	199	0
250	170	195	51	250
335	255	280	136	335
920	840	865	721	920

10

+	66	125	299
384	450	509	683
595	661	720	894
360	426	485	659

A	C	E	G	H	I	K	L	M	N	O	R	S	T	U	W
0	$\frac{1}{1000}$	0,05	$\frac{1}{16}$	0,5	0,75	1	1,75	2,4	3,2	8	90	126	437	750	999

$\frac{5}{7} - \frac{45}{63} = 0$ A
$\frac{7}{16} - \frac{3}{8} = \frac{1}{16}$ G
$3^5 - 243 = 0$ A
$19 \cdot 23 = 437$ T
$50 : 100 = 0,5$ H
$\frac{9}{16} \cdot \frac{0}{70} = 0$ A
$0,01 \cdot 0,1 = \frac{1}{1000}$ C
$\frac{15}{18} - \frac{3}{9} = 0,5$ H
$589 - 499 = 90$ R
$1,50 : 2 = 0,75$ I

$7 \cdot 18 = 125$ S
$238 + 199 = 437$ T
$3\frac{3}{4} : 5 = 0,75$ I
$0,025 \cdot 2 = 0,05$ E
$\frac{7}{7} \cdot \frac{11}{11} = 1$ K
$0,75 \cdot 120 = 90$ R
$\frac{3}{32} : \frac{1}{8} = 0,75$ I
$8 \cdot 0,3 = 2,4$ M
$0,125 \cdot 6 = 0,75$ I
$\frac{324}{4} - 9^2 = 0$ A

$1000 \cdot 0,75 = 750$ U
$8,74 : 0,02 = 437$ T
$7,2 : 0,9 = 8$ O
$36 : 0,4 = 90$ R
$3,50 - 2,75 = 0,75$ I
$12,8 \cdot 0,25 = 3,2$ N
$9\,990 : 10 = 999$ W
$\frac{69}{100} - \frac{16}{25} = 0,05$ E
$4,74 - 2,99 = 1,75$ L
$4,37 \cdot 100 = 437$ T

A G A T H A C H R I S T I E ist die meistgelesene K R I M I - A U T O R I N der W E L T.

1 Merke:
$0,5 = \frac{1}{2}$ $0,25 = \frac{1}{4}$ $0,75 = \frac{3}{4}$ $0,125 = \frac{1}{8}$

2
0,5 · 420 = 210
0,1 · 633 = 63,3
0,25 · 3,6 = 0,9

3
0,75 · 4,0 = 3
0,5 · 760 = 380
0,25 · 72 = 18

4
0,125 · 640 = 80
0,625 · 56 = 35
0,375 · 320 = 120

5
5 · 1,6 = 8
7 · 0,08 = 0,56
1,7 · 0,3 = 0,51

6
14 · 0,003 = 0,042
19 · 0,06 = 1,14
17 · 0,004 = 0,068

7
0,8 · 1,04 = 0,832
0,1 · 5,98 = 0,598
0,3 · 2,05 = 0,615

8
4,50 : 9 = 0,5
6,30 : 7 = 0,9
0,72 : 8 = 0,09

9
10,5 : 1,5 = 7
0,9 : 0,03 = 30
8,4 : 1,4 = 6

10*
2,7 : 0,09 = 30
24 : 0,00 = n. l.
22,5 : 2,5 = 9

Rechne so weit du kannst. Fertig, los!

11
80 · 0,75 = 60
160 · 0,75 = 120
240 · 0,75 = 180
320 · 0,75 = 240
400 · 0,75 = 300
480 · 0,75 = 360
560 · 0,75 = 420
640 · 0,75 = 480
720 · 0,75 = 540
800 · 0,75 = 600

12
$\frac{1}{20} + \frac{1}{10} = \frac{1+2}{20} = \frac{3}{20}$
$\frac{2}{18} + \frac{1}{9} = \frac{2+2}{18} = \frac{4}{18} = \frac{2}{9}$
$\frac{3}{16} + \frac{1}{8} = \frac{3+2}{16} = \frac{5}{16}$
$\frac{4}{14} + \frac{1}{7} = \frac{4+2}{14} = \frac{6}{14} = \frac{3}{7}$
$\frac{5}{12} + \frac{1}{6} = \frac{5+2}{12} = \frac{7}{12}$
$\frac{6}{10} + \frac{1}{5} = \frac{6+2}{10} = \frac{8}{10} = \frac{4}{5}$
$\frac{7}{8} + \frac{1}{4} = \frac{7+2}{8} = \frac{9}{8} = 1\frac{1}{8}$
$\frac{8}{6} + \frac{1}{3} = \frac{8+2}{6} = \frac{10}{6} = 1\frac{2}{3}$
$\frac{9}{4} + \frac{1}{2} = \frac{9+2}{4} = \frac{11}{4} = 2\frac{3}{4}$
$\frac{10}{2} + \frac{1}{1} = \frac{10+2}{2} = \frac{12}{2} = 6$

13
0,25 : 0,05 = 5
0,36 : 0,06 = 6
0,49 : 0,07 = 7
0,64 : 0,08 = 8
0,81 : 0,09 = 9
1,00 : 0,10 = 10
1,21 : 0,11 = 11
1,44 : 0,12 = 12
1,69 : 0,13 = 13
1,96 : 0,14 = 14

10 *Schreibe „n. l." bei nicht lösbaren Aufgaben.

Mathe-fit-Test 5

1
$\frac{5}{8}+\frac{1}{3}=\frac{18+8}{24}=\frac{23}{24}$ | $\frac{4}{25}+\frac{3}{5}=\frac{4+15}{25}=\frac{19}{25}$ | $2\frac{1}{2}+\frac{3}{4}=\frac{5}{2}+\frac{3}{4}=\frac{13}{4}=3\frac{1}{4}$
$1\frac{1}{4}-\frac{1}{2}=\frac{5-2}{4}=\frac{3}{4}$ | $\frac{5}{6}-\frac{2}{3}=\frac{5-4}{6}=\frac{1}{6}$ | $\frac{7}{8}-\frac{5}{6}=\frac{21-20}{24}=\frac{1}{24}$

2
22 · 19 = 418 | 19 · 27 = 513 | 6 · 29 = 174
15 · 19 = 285 | 19 · 32 = 608 | 3 · 39 = 117

3
4 · 1,8 = 7,2 | 0,006 · 18 = 0,108 | 0,08 · 0,9 = 0,072
15 · 0,03 = 0,45 | 1,06 · 0,8 = 0,848 | 1,25 · 0,5 = 0,625
8 · 0,7 = 5,6 | 2,5 · 1,1 = 2,75 | 3,9 · 0,02 = 0,078

4
6,50 + 1,99 + 3,25 = 11,74 | 10,00 – 3,99 – 1,99 = 4,02
2,80 + 4,05 + 0,99 = 7,84 | 9,50 – 2,50 – 5,00 = 2,00

5
$\frac{3}{8}\cdot\frac{3}{4}=\frac{9}{32}$ | $\frac{7}{9}\cdot\frac{5}{6}=\frac{35}{54}$ | $\frac{9}{25}\cdot\frac{4}{5}=\frac{36}{125}$
$\frac{1}{5}:\frac{2}{3}=\frac{1}{5}\cdot\frac{3}{2}=\frac{3}{10}$ | $\frac{3}{7}:\frac{2}{5}=\frac{3}{7}\cdot\frac{5}{2}=\frac{15}{14}=1\frac{1}{14}$ | $1\frac{1}{4}:\frac{1}{2}=\frac{5}{\not{4}_2}\cdot\frac{\not{2}^1}{1}=\frac{5}{2}=2\frac{1}{2}$

6
5,99 · 4 = 23,96 | 12,50 · 4 = 50 | 7,99 · 100 = 799
2,25 · 3 = 6,75 | 13,99 · 5 = 69,95 | 18,75 · 10 = 187,5

7
2,70 : 90 = 0,03 | 1,6 : 0,2 = 8 | 2,1 : 0,07 = 30
4,20 : 7 = 0,6 | 56 : 0,8 = 70 | 0,6 : 0,01 = 60
7,20 : 12 = 0,6 | 0,8 : 0,4 = 2 | 0,72 : 0,08 = 9
5,40 : 6 = 0,9 | 3,5 : 0,5 = 7 | 2,00 : 0,25 = 8
6,40 : 80 = 0,08 | 9,0 : 1,5 = 6 | 680 : 0,02 = 34000

Du hast ☐ Aufgaben richtig gelöst.

1 60 · 27 = 1620
120/42/1620
30 · 57 = 1710
150/21/1710
50 · 63 = 3150
300/15/3150

2 38 · 40 = 1520
120/32/1520
75 · 30 = 2250
210/15/2250
46 · 80 = 3680
320/48/3680

3 50 · 94 = 4700
450/20/4700
85 · 70 = 5950
560/35/5950
20 · 98 = 1960
180/16/1960

4
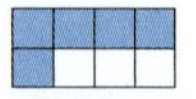
$\frac{5}{8}=0{,}625$

5
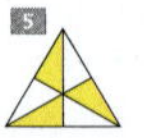
$\frac{3}{6}=\frac{1}{2}=0{,}5$

6

$\frac{4}{10}=0{,}4$

7
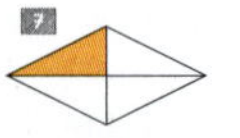
$\frac{1}{4}=0{,}25$

8
6,83 – 2,99 = 3,84
5,70 + 3,40 = 9,10
7,17 – 3,10 = 4,07
3,85 + 1,99 = 5,84

9
9,35 : 10 = 0,935
0,99 : 10 = 0,099
1,17 · 10 = 11,7
0,82 · 10 = 8,2

10
6,99 · 5 = 34,95
3,80 · 4 = 15,20
2,99 · 7 = 20,93
8,12 · 3 = 24,36

11

·	5	7	20	3	8	16	50
12	60	84	240	36	96	192	600
25	125	175	500	75	200	400	1250
15	75	105	300	45	120	240	750
75	375	525	1500	225	600	1200	3750

12
0,08 · 40 = 3,2
0,25 · 80 = 20

13
3,6 · 60 = 216
1,5 · 46 = 69

14
30 · 0,04 = 1,2
0,75 · 52 = 39

1 19 · 16 = 304
320/304
18 · 19 = 342
360/342

2 19 · 23 = 437
460/437
24 · 19 = 456
480/456

3 42 · 19 = 798
840/798
19 · 36 = 684
720/684

4
$\frac{5}{7}=\frac{45}{63}$
$\frac{35}{63}=\frac{5}{9}$

5
$\frac{3}{8}=\frac{21}{56}$
$\frac{72}{100}=\frac{18}{25}$

6
$\frac{12}{15}=\frac{72}{90}$
$\frac{45}{60}=\frac{3}{4}$

7
$\frac{7}{25}=\frac{42}{150}$
$\frac{64}{68}=\frac{16}{17}$

8
9,70 – 4,99 = 4,71
7,50 – 3,60 = 3,90
3,25 + 6,40 = 6,95
1,98 + 5,76 = 7,74

9
7,99 · 4 = 31,96
5,60 · 8 = 44,8
2,98 · 7 = 20,86
9,30 · 9 = 83,7

10
17,96 : 10 = 1,796
24,80 : 20 = 1,24
50,33 : 10 = 5,033
68,24 : 20 = 3,412

11 $\frac{3}{7}+\frac{15}{14}=1\frac{1}{2}$ K: $1\frac{1}{2}-\frac{15}{14}=\frac{3}{2}-\frac{15}{14}=\frac{21}{14}-\frac{15}{14}=\frac{6}{14}=\frac{3}{7}$

12 $\frac{6}{5}+\frac{5}{12}=1\frac{1}{4}$ K: $1\frac{1}{4}-\frac{5}{12}=\frac{15}{12}-\frac{5}{12}=\frac{10}{12}=\frac{5}{6}$

13 $\frac{1}{3}+\frac{19}{15}=1\frac{3}{5}$ K: $1\frac{3}{5}-\frac{19}{15}=\frac{24}{15}-\frac{19}{15}=\frac{5}{15}=\frac{1}{3}$

14 $\frac{4}{9}+\frac{11}{9}=1\frac{2}{3}$ K: $1\frac{2}{3}-\frac{11}{9}=\frac{15}{9}-\frac{11}{9}=\frac{4}{9}$

15

·	1,80	160	0,6	34	6,30	1 500	0,05
0,5	0,9	80	0,3	17	3,15	750	0,025
1,5	2,7	240	0,9	51	9,45	2 250	0,075
0,2	0,36	32	0,12	6,8	1,26	300	0,01

1
42 : 0,1 = 420
2,40 : 80 = 0,03
57 : 0,01 = 5700
2,70 : 0,9 = 3

2
0,63 : 0,09 = 7
8,40 : 0,2 = 42
0,24 : 0,06 = 4
790 : 0,1 = 7900

3
12 : 0,3 = 40
1,20 : 4 = $\frac{3}{10}$
150 : 0,5 = 300
0,80 : 0,1 = 8

4

·	10	1	0,1	0,5
13,50	135	13,5	1,35	6,75
7,20	72	7,2	0,72	3,6
24,80	248	24,8	2,48	12,4
0,60	6	0,6	0,06	0,3

5 $2\cdot\frac{3}{4}=1\frac{1}{2}$ K: $1\frac{1}{2}:\frac{3}{4}=\frac{\not{3}^1}{2}\cdot\frac{4}{\not{3}_1}=2$

6 $\frac{25}{28}\cdot\frac{7}{15}=\frac{5}{12}$ K: $\frac{5}{12}:\frac{7}{15}=\frac{5}{12}\cdot\frac{15}{7}=\frac{75}{84}=\frac{25}{28}$

7 $5\frac{1}{5}\cdot\frac{5}{8}=3\frac{1}{4}$ K: $3\frac{1}{4}:\frac{5}{8}=\frac{13}{\not{4}_1}\cdot\frac{\not{8}^2}{5}=\frac{26}{5}=5\frac{1}{5}$

8 $1\frac{1}{35}\cdot\frac{7}{12}=\frac{3}{5}$ K: $\frac{3}{5}:\frac{7}{12}=\frac{3}{5}\cdot\frac{12}{7}=\frac{36}{35}=1\frac{1}{35}$

9
267 + 430 = 697
382 + 599 = 981
748 – 199 = 549
968 – 450 = 518

10
2,70 : 9 = 0,3
2,50 : 5 = 0,5
6,30 : 7 = 0,9
5,60 : 8 = 0,7

11
3 · 75 = 225
7 · 15 = 105
9 · 12 = 108
7 · 25 = 175

12

+	$\frac{1}{4}$	$\frac{1}{2}$	$\frac{1}{8}$	$\frac{1}{6}$	$\frac{1}{3}$	$\frac{1}{10}$
$\frac{1}{4}$	$\frac{2}{4}=\frac{1}{2}$	$\frac{3}{4}$	$\frac{3}{8}$	$\frac{5}{12}$	$\frac{7}{12}$	$\frac{14}{40}=\frac{7}{20}$
$\frac{1}{2}$	$\frac{3}{4}$	1	$\frac{5}{8}$	$\frac{4}{6}=\frac{2}{3}$	$\frac{5}{6}$	$\frac{6}{10}=\frac{3}{5}$

1 4 · 1,8 = 7,2 ✓ K: 7,2 : 1,8 = 72 : 18 = 4

2 9 · 1,5 = 13,5 K: 13,5 : 1,5 = 135 : 15 = 9

3 8 · 1,3 = 10,4 K: 10,4 : 1,3 = 104 : 13 = 8

4 5 · 1,7 = 8,5 K: 8,5 : 1,7 = 85 : 17 = 5

5 4 · 1,9 = 7,6 K: 7,6 : 1,9 = 76 : 19 = 4

6 9 · 1,4 = 12,6 K: 12,6 : 1,4 = 126 : 14 = 9

7 6 · 1,6 = 9,6 K: 9,6 : 1,6 = 96 : 16 = 6

8
28 000 : 7 000 = 4
45 000 : 900 = 50
2 400 : 800 = 3
72 000 : 9 000 = 8

9
284 + 399 = 683
895 − 240 = 655
170 + 330 = 500
743 − 598 = 145

10
6 · 68 = 408
4 · 83 = 332
7 · 48 = 336
9 · 72 = 648

11
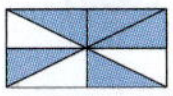
$\frac{5}{8} = 0{,}625$

12

$\frac{3}{8} = 0{,}375$

13
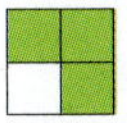
$\frac{3}{4} = 0{,}75$

14

$\frac{4}{10} = 0{,}4$

15*

−	$\frac{1}{4}$	$\frac{1}{2}$	$\frac{1}{3}$	$\frac{3}{5}$
$\frac{5}{6}$	$\frac{10-3}{12} = \frac{7}{12}$	$\frac{5-3}{6} = \frac{2}{6} = \frac{1}{3}$	$\frac{5-2}{6} = \frac{3}{6} = \frac{1}{2}$	$\frac{25-18}{30} = \frac{7}{30}$
$\frac{3}{4}$	$\frac{2}{4} = \frac{1}{2}$	$\frac{3-2}{4} = \frac{1}{4}$	$\frac{9-4}{12} = \frac{5}{12}$	$\frac{15-12}{20} = \frac{3}{20}$
$1\frac{1}{2}$	$\frac{6-1}{4} = \frac{5}{4}$	1	$\frac{9-2}{6} = \frac{7}{6} = 1\frac{1}{6}$	$\frac{15-6}{10} = \frac{9}{10}$
$\frac{4}{5}$	$\frac{16-5}{20} = \frac{11}{20}$	$\frac{8-5}{10} = \frac{3}{10}$	$\frac{12-5}{15} = \frac{7}{15}$	$\frac{1}{5}$
$\frac{1}{4}$	0	n. l.	n. l.	n. l.

15 *Schreibe „n. l." bei nicht lösbaren Aufgaben.

1 6,8 : 1,7 = 4 K: 4 · 1,7 = 6,8

2 0,65 : 0,05 = 13 K: 13 · 0,05 = 0,65

3 3,2 · 0,2 = 16 K: 16 · 0,2 = 3,2

4 72,9 · 9 = 8,1 K: 8,1 · 9 = 72,9

5 4,15 + 1,65 = 5,80 K: 5,80 − 1,65 = 4,15

6 3,73 + 0,99 = 4,72 K: 4,72 − 0,99 = 3,73

7 3 · 2,5 = 7,5 K: 7,5 : 2,5 = 3

8 30 · 0,09 = 2,7 K: 2,7 : 0,09 = 30

9 13,49 − 4,99 = 8,50 K: 8,50 + 4,99 = 13,49

10 5 − 1,25 = 3,75 K: 3,75 + 1,25 = 5

11 40,8 : 10 = 4,08 K: 4,08 · 10 = 40,8

12 0,034 : 0,002 = 17 K: 17 · 0,002 = 0,034

13
$\frac{5}{12} + \frac{7}{18} = \frac{15+14}{36} = \frac{29}{36}$
$\frac{6}{7} + \frac{4}{5} = \frac{30+28}{35} = \frac{58}{35} = 1\frac{23}{35}$
$\frac{7}{25} + \frac{9}{10} = \frac{14+45}{50} = \frac{59}{50} = 1\frac{9}{50}$
$\frac{8}{15} + \frac{5}{6} = \frac{16+25}{30} = \frac{41}{30} = 1\frac{11}{30}$

14
$\frac{14}{20} - \frac{3}{8} = \frac{28-15}{40} = \frac{13}{40}$
$\frac{15}{36} - \frac{5}{12} = \frac{15-15}{36} = 0$
$\frac{11}{16} - \frac{13}{20} = \frac{55-52}{80} = \frac{3}{80}$
$\frac{13}{25} - \frac{1}{2} = \frac{26-25}{50} = \frac{1}{50}$

15

·	$\frac{1}{3}$	$\frac{1}{2}$	$\frac{3}{10}$	$\frac{3}{7}$	$\frac{5}{12}$	$\frac{7}{25}$	$\frac{8}{13}$
$\frac{1}{6}$	$\frac{1}{18}$	$\frac{1}{12}$	$\frac{3}{60} = \frac{1}{20}$	$\frac{1}{14}$	$\frac{5}{72}$	$\frac{7}{150}$	$\frac{8}{78} = \frac{4}{39}$
$\frac{3}{4}$	$\frac{1}{4}$	$\frac{3}{8}$	$\frac{9}{40}$	$\frac{9}{28}$	$\frac{15}{48} = \frac{5}{16}$	$\frac{21}{100}$	$\frac{6}{13}$
$\frac{5}{8}$	$\frac{5}{24}$	$\frac{5}{16}$	$\frac{15}{80} = \frac{3}{16}$	$\frac{15}{56}$	$\frac{25}{96}$	$\frac{35}{200} = \frac{7}{40}$	$\frac{5}{13}$

1 Merke:

$0{,}5 = \frac{1}{2}$ $0{,}2 = \frac{2}{10}$ $\frac{1}{5}$ $0{,}125 = \frac{1}{8}$ $0{,}01 = \frac{1}{100}$

$0{,}25 = \frac{1}{4}$ $0{,}4 = \frac{4}{10}$ $\frac{2}{5}$ $0{,}375 = \frac{3}{8}$ $0{,}05 = \frac{5}{100}$ $\frac{1}{20}$

$0{,}75 = \frac{3}{4}$ $0{,}6 = \frac{6}{10}$ $\frac{3}{5}$ $0{,}625 = \frac{5}{8}$ $0{,}001 = \frac{1}{1000}$

$0{,}1 = \frac{1}{10}$ $0{,}8 = \frac{8}{10}$ $\frac{4}{5}$ $0{,}875 = \frac{7}{8}$ $0{,}005 = \frac{5}{1000}$ $\frac{1}{200}$

2
0,1 · 3 600 = 360
0,75 · 28 = 21
0,01 · 4 200 = 42
0,25 · 220 = 55
0,2 · 1 000 = 200
0,1 · 870 = 87
0,05 · 900 = 45
0,7 · 310 = 217
0,03 · 700 = 21
0,25 · 360 = 90

3
0,125 · 96 = 12
0,001 · 70 = 0,07
0,625 · 64 = 40
0,007 · 80 = 0,56
0,375 · 24 = 9
0,003 · 61 = 0,183
0,125 · 72 = 9
0,875 · 48 = 42
0,005 · 10 = 0,05
0,375 · 16 = 6

4
0,1 · 4,2 = 0,42
0,5 · 8,4 = 4,2
0,7 · 3,5 = 2,45
0,2 · 0,2 = 0,04
0,5 · 6,6 = 3,3
0,9 · 1,8 = 1,62
0,4 · 2,5 = 1
0,6 · 3,0 = 1,8
0,1 · 9,7 = 0,97
0,5 · 7,6 = 3,8

5

:	$\frac{1}{4}$	$\frac{1}{10}$	20	$\frac{5}{6}$	7
$\frac{3}{4}$	3	$\frac{30}{4} = 7\frac{1}{2}$	$\frac{3}{80}$	$\frac{18}{20} = \frac{9}{10}$	$\frac{3}{28}$
36	144	360	$\frac{36}{20} = 1\frac{4}{5}$	$\frac{216}{5} = 43\frac{1}{5}$	$\frac{36}{7} = 5\frac{1}{7}$
$\frac{1}{8}$	$\frac{1}{2}$	$\frac{10}{8} = 1\frac{1}{4}$	$\frac{1}{160}$	$\frac{6}{40} = \frac{3}{20}$	$\frac{1}{56}$
$1\frac{1}{5}$	$4\frac{4}{5}$	$\frac{60}{5} = 12$	$\frac{6}{100} = \frac{3}{50}$	$\frac{36}{25} = 1\frac{11}{25}$	$\frac{6}{35}$

1
3,5 · 0,5 = 1,75
3,5 : 0,5 = 7
36 · 0,1 = 3,6
36 : 0,1 = 360
4,5 · 0,5 = 2,25
4,5 : 0,5 = 9
100 · 0,25 = 25
100 : 0,25 = 400

2
2,7 · 0,9 = 2,43
2,7 : 0,9 = 3,0
480 · 0,2 = 96
480 : 0,2 = 2 400
0,6 · 0,3 = 0,18
0,6 : 0,3 = 2
20 · 0,5 = 10
20 : 0,5 = 40

3
380 · 0,02 = 7,6
380 : 0,02 = 19000
2,4 · 0,8 = 1,92
2,4 : 0,8 = 3
30 · 0,01 = 0,3
30 : 0,01 = 3 000
5,6 · 0,7 = 3,92
5,6 : 0,7 = 8

4
$9^2 = 81$ $15^2 = 225$ $11^2 = 121$ $7^2 = 49$
$12^2 = 144$ $8^2 = 64$ $14^2 = 196$ $13^2 = 169$

5
8,5 : 10 = 0,85 56 : 100 = 0,56 118 : 20 = 5,90
0,126 · 10 = 1,26 0,23 · 100 = 23,0 0,04 · 30 = 1,20

6
719 − 310 = 409
862 − 598 = 264
335 + 250 = 585
476 + 399 = 875

7
3,99 · 5 = 19,95
7,15 · 2 = 14,3
4,98 · 4 = 19,92
5,50 · 8 = 44

8
4,80 : 8 = 0,6
2,80 : 7 = 0,4
3,60 : 4 = 0,9
7,20 : 9 = 0,8

9

+	43	62	153	99
47	90	109	200	146
18	61	80	171	117
65	108	127	218	164

10*

−	33	99	80	24
99	66	0	19	75
152	119	53	72	128
85	52	n. l.	5	61

10 *Schreibe „n. l." bei nicht lösbaren Aufgaben.

A	B	E	F	I	K	N	R	S	T	U	Z	Ä	.
0	0,047	$\frac{5}{72}$	0,54	$\frac{3}{4}$	0,84	1	2,65	8	39	120	763	900	1 000

1,8 · 0,3 =	0,54	F	$\frac{9}{28}+\frac{3}{7}$ =	$\frac{3}{4}$	I	807 – 799 =	8	S
8,64 – 5,99 =	2,65	R	0,01 · 4,7 =	0,047	B	312 · $\frac{1}{8}$ =	39	T
15^2 – 3 · 75 =	0	A	48 : 0,4 =	120	U	$\frac{5}{108}:\frac{2}{3}$ =	$\frac{5}{72}$	E
$\frac{5}{7}:\frac{20}{28}$ =	1	N	1,80 + 0,85 =	2,65	R	180 : $\frac{1}{5}$ =	900	Ä
364 + 399 =	763	Z	13^2 – 130 =	39	T	0,53 · 5 =	2,65	R
75 : 100 =	$\frac{3}{4}$	I	$\frac{15}{32}:\frac{5}{8}$ =	$\frac{3}{4}$	I	1 000 – 237 =	763	Z
0,56 : 0,07 =	8	S	720 · $\frac{1}{6}$ =	120	U	7,8 : 0,2 =	39	T
1,4 · 0,6 =	0,84	K	200 : 25 =	8	S	1,50 : 2 =	$\frac{3}{4}$	I
0,0 : 1,5 =	0	A	$\frac{5}{12}\cdot\frac{1}{6}$ =	$\frac{5}{72}$	E	14^2 – 195 =	1	N
738 – 699 =	39	T	5,30 : 2 =	2,65	R	301 + 699 =	1000	.

FRANZISKA TIBURTIUS lebte 1843 bis 1927.

Sie war die ERSTE praktische ÄRZTIN Deutschlands .

1

1,25 · 0,2 =	0,25
13 · 0,003 =	0,039
5 · 1,9 =	9,5
0,3 · 1,22 =	0,366
7 · 0,6 =	4,2
0,08 · 0,4 =	0,032
4,3 · 0,02 =	0,086
0,006 · 17 =	0,102
60 · 0,3 =	18
0,1 · 6,97 =	0,697
0,7 · 0,5 =	0,35

2

4,5 : 1,5 =	3
0,9 : 0,3 =	3
3,60 : 0,6 =	6
17,5 : 2,5 =	7
9,6 : 1,2 =	8
4,8 : 0,6 =	8
8,4 : 1,4 =	6
48 : 0,8 =	60
13,5 : 1,5 =	9
10,8 : 1,2 =	9
5,2 : 1,3 =	4

3

1,5 · 4,80 =	7,2
72 · 0,5 =	36
1,2 · 400 =	480
0,5 · 320 =	160
1,5 · 800 =	1200
0,25 · 4,20 =	105
1,25 · 200 =	250
3,2 · 0,25 =	0,8
3,6 · 0,5 =	1,8
2,5 · 300 =	750
8 · 0,75 =	6

Rechne so weit du kannst. Fertig, los!

4

10 000 – 15^2 = 9 775
9 600 – 14^2 = 9 404
9 200 – 13^2 = 9 031
8 800 – 12^2 = 8 656
8 400 – 11^2 = 8 279
8 000 – 10^2 = 7 900
7 600 – 9^2 = 7 519
7 200 – 8^2 = 7 136
6 800 – 7^2 = 6 751
6 400 – 6^2 = 6 364

5

300 · 0,01 = 3
600 · 0,02 = 12
900 · 0,03 = 27
1 200 · 0,04 = 48
1 500 · 0,05 = 75
1 800 · 0,06 = 108
2 100 · 0,07 = 147
2 400 · 0,08 = 192
2 700 · 0,09 = 243
3 000 · 0,10 = 300

6

$\frac{1}{2}+\frac{1}{3}=\frac{5}{6}$
$\frac{1}{3}+\frac{1}{4}=\frac{7}{12}$
$\frac{1}{4}+\frac{1}{5}=\frac{9}{20}$
$\frac{1}{5}+\frac{1}{6}=\frac{11}{30}$
$\frac{1}{6}+\frac{1}{7}=\frac{13}{42}$
$\frac{1}{7}+\frac{1}{8}=\frac{15}{56}$
$\frac{1}{8}+\frac{1}{9}=\frac{17}{72}$
$\frac{1}{9}+\frac{1}{10}=\frac{19}{90}$
$\frac{1}{10}+\frac{1}{11}=\frac{21}{110}$
$\frac{1}{11}+\frac{1}{12}=\frac{23}{132}$

Mathe-fit-Test 6

1

325 + 460 = 785
263 + 599 = 872
595 + 87 = 682
160 + 633 = 793
487 + 398 = 885

2

$\frac{3}{7}+\frac{5}{6}=\frac{18+35}{42}=1\frac{11}{42}$
$1\frac{1}{2}+\frac{3}{4}=\frac{6+3}{4}=\frac{9}{4}=2\frac{1}{4}$
$\frac{7}{15}+\frac{4}{5}=\frac{7+12}{15}=\frac{19}{15}=1\frac{4}{15}$
$\frac{2}{3}+\frac{3}{7}=\frac{14+9}{21}=\frac{23}{21}=1\frac{2}{21}$
$2\frac{1}{4}+\frac{5}{8}=\frac{18+5}{8}=\frac{23}{8}=2\frac{7}{8}$

3

3,55 + 0,80 = 4,35
17,08 + 2,60 = 19,68
1,75 + 0,75 = 2,5
16,99 + 3,01 = 20
8,35 + 3,99 = 12,34

4

620 – 130 = 490
485 – 399 = 86
710 – 520 = 190
933 – 698 = 235
844 – 510 = 334

5

$\frac{5}{7}-\frac{5}{6}=\frac{30-35}{42}$ n. L.
$\frac{3}{4}-\frac{2}{7}=\frac{21-8}{28}=\frac{13}{28}$
$1\frac{2}{3}-\frac{1}{2}=\frac{10-3}{6}=\frac{7}{6}=1\frac{1}{6}$
$\frac{7}{9}-\frac{5}{8}=\frac{56-45}{72}=\frac{11}{72}$
$\frac{9}{10}-\frac{3}{4}=\frac{18-15}{20}=\frac{3}{20}$

6

7,65 – 4,99 = 2,66
1,50 – 0,75 = 0,75
3,10 – 2,50 = 0,6
6,75 – 0,80 = 5,95
8,33 – 6,98 = 1,35

7

132 · 3 = 396
75 · 6 = 450
4 · 398 = 1 592
16 · 30 = 480
699 · 9 = 6 291

8

$\frac{3}{4}\cdot\frac{2}{3}=\frac{2}{4}=\frac{1}{2}$
$\frac{7}{9}\cdot\frac{5}{8}=\frac{35}{72}$
$40\cdot\frac{1}{4}=10$
$\frac{5}{7}\cdot\frac{9}{10}=\frac{45}{70}=\frac{9}{14}$
$7\cdot\frac{5}{6}=\frac{35}{6}=5\frac{5}{6}$

9

0,375 · 40 = 15
2,99 · 7 = 20,93
14,20 · 5 = 71
6 · 3,99 = 23,94
0,75 · 320 = 240

10

420 : 7 = 60
150 : 25 = 6
98 : 14 = 7
560 : 80 = 7
945 : 3 = 315

11

$\frac{1}{5}:\frac{3}{4}=\frac{4}{15}$
$\frac{3}{8}:\frac{5}{7}=\frac{21}{40}$
$\frac{1}{2}:\frac{1}{6}=\frac{6}{2}=3$
$1\frac{3}{4}:\frac{5}{8}=\frac{14}{5}=2\frac{4}{5}$
$20:\frac{1}{5}=100$

12

4,2 : 0,07 = 60
8,4 : 1,2 = 7
24 : 0,06 = 400
500 : 0,5 = 1000
0,63 : 0,9 = 0,7

5 *Schreibe „n. L." bei nicht lösbaren Aufgaben.

Du hast ☐ Aufgaben richtig gelöst.

Was fällt auf?

1

$40 : 8 =$ ____
$40 : 4 =$ ____
$40 : 2 =$ ____
$40 : 1 =$ ____
$40 : \frac{1}{2} =$ ____
$40 : \frac{1}{4} =$ ____
$40 : \frac{1}{8} =$ ____

2

$100 : 10 =$ ____
$100 : 5 =$ ____
$100 : 2 =$ ____
$100 : 1 =$ ____
$100 : \frac{1}{2} =$ ____
$100 : \frac{1}{5} =$ ____
$100 : \frac{1}{10} =$ ____

3

$72 : 12 =$ ____
$72 : 8 =$ ____
$72 : 4 =$ ____
$72 : 1 =$ ____
$72 : \frac{1}{4} =$ ____
$72 : \frac{1}{8} =$ ____
$72 : \frac{1}{12} =$ ____

Löse mithilfe der Umkehraufgabe.

4 ____ $: \frac{1}{3} = 6\frac{1}{2}$ K: $6\frac{1}{2} \cdot \frac{1}{3} =$ ____

5 ____ $: \frac{3}{8} = 1\frac{1}{5}$ K: ____

6 ____ $- \frac{4}{5} = \frac{5}{6}$ K: ____

7 ____ $- \frac{5}{7} = 1\frac{1}{3}$ K: ____

8 ____ $\cdot \frac{3}{4} = \frac{3}{25}$ K: ____

9 ____ $\cdot 1\frac{1}{2} = \frac{5}{12}$ K: ____

10 ____ $+ \frac{3}{4} = 2\frac{1}{3}$ K: ____

11 ____ $+ 1\frac{1}{8} = 1\frac{3}{4}$ K: ____

12

$10^2 =$ ____
$11^2 =$ ____
$12^2 =$ ____
$13^2 =$ ____
$14^2 =$ ____
$15^2 =$ ____

13

$5 \cdot 25 =$ ____
$8 \cdot 25 =$ ____
$6 \cdot 25 =$ ____
$9 \cdot 25 =$ ____
$7 \cdot 25 =$ ____
$16 \cdot 25 =$ ____

14

$7 \cdot 12 =$ ____
$8 \cdot 15 =$ ____
$6 \cdot 12 =$ ____
$5 \cdot 15 =$ ____
$9 \cdot 12 =$ ____
$7 \cdot 15 =$ ____

Mathe-fit-Test 3

1

$6 \cdot 25 =$

$9 \cdot 25 =$

$7 \cdot 25 =$

$8 \cdot 12 =$

$6 \cdot 15 =$

$9 \cdot 13 =$

2

$4 \cdot 75 =$

$8 \cdot 75 =$

$5 \cdot 75 =$

$9 \cdot 75 =$

$0 \cdot 75 =$

$7 \cdot 75 =$

3

$84 : 12 =$

$200 : 25 =$

$78 : 13 =$

$225 : 75 =$

$135 : 15 =$

$450 : 75 =$

Kontrolliere mit der Umkehraufgabe.

4 $\frac{1}{4} + \frac{3}{8} =$ ______ K: ______

5 $\frac{3}{7} + \frac{1}{3} =$ ______ K: ______

6 $\frac{2}{3} - \frac{4}{5} =$ ______ K: ______

7 $\frac{5}{6} - \frac{3}{4} =$ ______ K: ______

8 $6 \cdot \frac{5}{12} =$ ______ K: ______

9 $\frac{3}{7} \cdot \frac{1}{4} =$ ______ K: ______

10 $\frac{5}{9} : 3 =$ ______ K: ______

11 $\frac{7}{10} : \frac{3}{4} =$ ______ K: ______

12

4,75 € – 1,99 € =

3,68 € – 2,50 € =

7,38 € – 3,98 € =

3,26 € + 3,99 € =

7,53 € + 4,98 € =

6,17 € + 2,30 € =

13

7,50 € · 3 =

12,10 € · 4 =

6,99 € · 5 =

13,99 € · 4 =

1,99 € · 8 =

10,60 € · 6 =

Du hast ☐ Aufgaben richtig gelöst.

a) $\frac{3}{5} = \frac{6}{10}$ b) $\frac{1}{25} = \frac{4}{100}$ c) $\frac{1}{8} = \frac{125}{1\,000}$

Erweitere auf Zehntel, Hundertstel oder Tausendstel.

1

$\frac{1}{2} = \frac{5}{10}$

$\frac{1}{4} = \frac{}{100}$

$\frac{3}{4} = \frac{}{100}$

2

$\frac{1}{5} =$

$\frac{3}{8} =$

$\frac{1}{20} =$

3

$\frac{2}{5} =$

$\frac{5}{8} =$

$\frac{3}{25} =$

4*

$\frac{11}{20} =$

$\frac{1}{3} =$

$\frac{7}{8} =$

Schreibe als Dezimalzahl.

5

$\frac{6}{10} =$ 0,6

$\frac{5}{10} =$

$\frac{9}{10} =$

6

$\frac{25}{100} =$

$\frac{125}{1\,000} =$

$\frac{7}{100} =$

7

$\frac{2}{10} =$

$\frac{75}{100} =$

$\frac{5}{1\,000} =$

8

$\frac{4}{10} =$

$\frac{375}{1\,000} =$

$\frac{5}{100} =$

9

$11^2 =$ $10^2 =$ $13^2 =$ $6^3 =$

$15^2 =$ $12^2 =$ $14^2 =$ $4^3 =$

10

+	$\frac{1}{2}$	$\frac{1}{3}$	$\frac{1}{4}$	$\frac{1}{5}$	$\frac{1}{6}$
$\frac{1}{5}$	$\frac{2+5}{10} = \frac{7}{10}$				
$\frac{1}{4}$					
$\frac{1}{3}$					
$\frac{1}{2}$					
1					

4 *Schreibe „n. l." bei nicht lösbaren Aufgaben.

1 Merke:

$\frac{1}{2}$ = 0,5	$\frac{1}{8}$ =	$\frac{1}{5}$ =
$\frac{1}{4}$ =	$\frac{3}{8}$ =	$\frac{2}{5}$ =
$\frac{3}{4}$ =	$\frac{5}{8}$ =	$\frac{3}{5}$ =
$\frac{1}{10}$ =	$\frac{7}{8}$ =	$\frac{4}{5}$ =

Rechentrick bei (+) (−) (·) (siehe Seite 7, 15 und 29)

2

5,25 € + 0,99 € =

16,40 € + 3,98 € =

7,50 € + 9,99 € =

15,60 € – 5,99 € =

4,80 € – 1,99 € =

19,30 € – 7,98 € =

3

3,99 € · 5 =

8,99 € · 3 =

12,99 € · 2 =

4,98 € · 4 =

11,98 € · 3 =

3,98 € · 8 =

4

–	9,99 €
10,00 €	
15,00 €	
14,50 €	
21,80 €	
13,45 €	
50,00 €	

5*

–	$\frac{1}{3}$	$\frac{1}{4}$	$\frac{1}{5}$	$\frac{1}{6}$	$\frac{1}{10}$
1	$\frac{2}{3}$				
$\frac{1}{2}$	$\frac{3-2}{6} = \frac{1}{6}$				
$\frac{1}{3}$	0				
$\frac{1}{4}$	$\frac{3-4}{12}$ n.l.				
$\frac{1}{5}$					

5 *Schreibe „n. l.“ bei nicht lösbaren Aufgaben.

Schreibe als Dezimalzahl.

1

$3\frac{1}{4}$ = 3,25

$4\frac{1}{5}$ =

$1\frac{1}{2}$ =

$9\frac{2}{5}$ =

$1\frac{3}{4}$ =

$2\frac{7}{10}$ =

$6\frac{1}{4}$ =

2

$5\frac{1}{8}$ =

$2\frac{3}{4}$ =

$6\frac{3}{5}$ =

$8\frac{3}{8}$ =

$3\frac{1}{10}$ =

$1\frac{7}{8}$ =

$4\frac{1}{8}$ =

3

$9\frac{1}{4}$ =

$1\frac{5}{8}$ =

$3\frac{4}{5}$ =

$7\frac{1}{2}$ =

$6\frac{1}{4}$ =

$2\frac{3}{4}$ =

$5\frac{9}{10}$ =

Bei einigen Aufgaben kannst du einen Rechentrick anwenden.

4

3,45 € · 3 =

6,99 € · 5 =

7,20 € · 4 =

2,98 € · 8 =

4,60 € · 6 =

5

7,50 € + 2,34 € =

6,25 € + 1,99 € =

9,85 € – 3,50 € =

8,60 € – 4,98 € =

6,93 € – 5,10 € =

6

6,80 € : 2 =

4,20 € : 7 =

6,15 € : 3 =

7,20 € : 8 =

3,72 € : 6 =

Löse mithilfe der Umkehraufgabe.

7

$\square - \frac{2}{7} = 3\frac{1}{2}$ K: $3\frac{1}{2} + \frac{2}{7} =$

$\square - \frac{5}{6} = 1\frac{1}{4}$ K:

$\square : \frac{1}{4} = 5\frac{1}{2}$ K:

$\square : \frac{5}{8} = 2\frac{1}{5}$ K:

$\square + \frac{2}{3} = 6\frac{1}{4}$ K:

$\square + \frac{1}{2} = 4\frac{1}{3}$ K:

$\square \cdot \frac{4}{5} = 1\frac{1}{2}$ K:

$\square \cdot \frac{1}{10} = 3\frac{3}{4}$ K:

a) $0{,}5 = \frac{5}{10} = \frac{1}{2}$ b) $0{,}75 = \frac{75}{100} = \frac{3}{4}$

Schreibe als Bruch. Kürze, wenn möglich.

1

0,25 = ______

0,4 = ______

0,125 = ______

0,2 = ______

0,375 = ______

0,6 = ______

0,3 = ______

0,7 = ______

2

0,8 = ______

0,75 = ______

0,625 = ______

0,5 = ______

0,875 = ______

0,1 = ______

0,9 = ______

0,750 = ______

Bei einigen Aufgaben kannst du einen Rechentrick anwenden.

3

435 + 220 =

367 + 199 =

570 + 145 =

228 + 299 =

383 – 170 =

750 – 399 =

985 – 270 =

890 – 340 =

4

1,99 · 3 =

2,75 · 2 =

3,98 · 4 =

6,30 · 3 =

5,50 : 5 =

4,80 : 2 =

9,90 : 3 =

1,28 : 4 =

5

799 – 350 =

6,99 · 3 =

12,50 : 2 =

345 + 599 =

862 – 499 =

4,98 · 5 =

15,98 · 2 =

14,70 : 7 =

6

+	25	50		
	62		137	
		143		110
			169	

7 *

–				
115	75			80
78		13	78	
40				

7 *Schreibe „n. l." bei nicht lösbaren Aufgaben.

Beim Multiplizieren – Komma nach rechts!

a) 4,46 · 10 = 44,6 b) 1,75 · 100 = 175 c) 2,50 · 30 = 75,0

1

23,52 · 10 =

4,35 · 20 =

76,5 · 10 =

0,12 · 30 =

6,05 · 10 =

10,20 · 40 =

0,07 · 10 =

3,16 · 20 =

2

1,425 · 100 =

0,27 · 100 =

6,4 · 200 =

0,540 · 100 =

1,25 · 300 =

80,05 · 200 =

13,05 · 100 =

0,99 · 200 =

3

3,75 · 20 =

0,16 · 300 =

47,08 · 10 =

1,14 · 400 =

0,276 · 20 =

8,05 · 100 =

0,40 · 500 =

10,50 · 50 =

4

$\frac{3}{4} : 7 =$ ________ K: ________

$\frac{3}{5} : 6 =$ ________ K: ________

$\frac{5}{8} : 4 =$ ________ K: ________

$\frac{7}{10} : 5 =$ ________ K: ________

$\frac{1}{6} : 8 =$ ________ K: ________

5

·	$\frac{1}{3}$	$\frac{1}{10}$	$\frac{1}{4}$	$\frac{1}{6}$	$\frac{1}{7}$	$\frac{1}{5}$	$\frac{1}{12}$	$\frac{1}{8}$	$\frac{1}{2}$
$\frac{1}{2}$	$\frac{1}{6}$								
$\frac{1}{4}$									
$\frac{1}{5}$									

Beim Dividieren – Komma nach links!
Beim Multiplizieren – Komma nach rechts!

a) 44,6 : 10 = 4,46
4,46 · 10 = 44,6

b) 759 : 100 = 7,59
7,59 · 100 = 759

c) 66,90 : 30 = 2,23
2,23 · 30 = 66,90

Kontrolliere mit der Umkehraufgabe.

1

86,50 : 10 = 8,65 ✓ K: 8,65 · 10 = 86,5

86,50 : 20 = ______ K: ______

106,08 : 10 = ______ K: ______

16,08 : 20 = ______ K: ______

24,60 : 30 = ______ K: ______

8,40 : 10 = ______ K: ______

8,40 : 40 = ______ K: ______

150,00 : 50 = ______ K: ______

2

:	10
23,55	
1,76	
10,80	
340,50	
6,99	
37,03	
156,80	

3

178,50 : 100 = ______ K: ______

36,50 : 200 = ______ K: ______

9,14 : 100 = ______ K: ______

18,20 : 200 = ______ K: ______

120,00 : 300 = ______ K: ______

7,99 : 100 = ______ K: ______

820,00 : 400 = ______ K: ______

63,09 : 100 = ______ K: ______

4

:	100
123,50	
15,85	
366,40	
7,05	
44,20	
0,66	
108,90	

5*

–	1,50	3,99	10,00	6,98	9,00
9,30					
12,85					
10,50					

5 *Schreibe „n. l." bei nicht lösbaren Aufgaben.

1 Merke:

0,1 = $\frac{1}{10}$ = ___	0,2 = ___ = ___	0,125 = ___ = ___
0,5 = $\frac{5}{10}$ = $\frac{1}{2}$	0,4 = ___ = ___	0,3 = ___ = ___
0,25 = ___ = ___	0,6 = ___ = ___	0,625 = ___ = ___
0,75 = ___ = ___	0,1 = ___ = ___	0,9 = ___ = ___
0,8 = ___ = ___	0,7 = ___ = ___	0,375 = ___ = ___

	Aufgabe:	Bedeutet:	Ich rechne:	Lösung:
2	0,1 · 35	$\frac{1}{10}$ von 35	35 : 10	0,1 · 35 = 3,5
3	0,3 · 150	$\frac{3}{10}$ von 150	150 : 10, dann · 3	
4	0,75 · 120			
5	0,2 · 78			
6	0,25 · 160			
7	0,5 · 182			
8	0,1 · 930			
9	0,75 · 84			
10	0,6 · 150			
11	0,5 · 72			
12	0,25 · 12			
13	0,125 · 80			
14	0,625 · 400			
15	0,375 · 120			

A	C	E	G	H	I	K	L	N	O	P	R	S	T	V	Y	Ä	Ö
0	$\frac{1}{7}$	$\frac{5}{12}$	$\frac{3}{4}$	0,9	$1\frac{1}{4}$	1,5	2,74	7	21	45	102	169	375	548	735	873	1 000

$150 : 100 =$

$0{,}75 + 1{,}99 =$

$\frac{5}{18} : \frac{2}{3} =$

$3\frac{1}{2} : \frac{1}{6} =$

$0{,}75 \cdot 60 =$

$\frac{20}{35} - \frac{4}{7} =$

$874 - 499 =$

$0{,}25 \cdot 408 =$

$\frac{7}{25} \cdot 0 =$

$9 \cdot 97 =$

$3 \cdot 0{,}25 =$

$73{,}5 \cdot 10 =$

$450 : 10 =$

$75 \cdot 5 =$

$1\frac{2}{28} + \frac{1}{7} =$

$13^2 =$

$\frac{5}{7} : 5 =$

$90 : 100 =$

$\frac{13}{24} - \frac{1}{8} =$

$0{,}3 \cdot 5 =$

$250 : \frac{1}{4} =$

$84 : 12 =$

$1\frac{17}{20} - \frac{3}{5} =$

$7{,}5 : 10 =$

$3\frac{1}{8} \cdot \frac{2}{5} =$

$175 : 25 =$

$349 + 199 =$

$\frac{1}{28} : \frac{1}{4} =$

$\frac{7}{10} + \frac{2}{10} =$

$6 \cdot 17 =$

_ _ _ _ _ _ _ _ _ war eine berühmte _ _ _ _ _ _ _ _ _ _ _ _ _ _ _ _ _, die von 69 bis 30 _. _ _ _., also vor über 2 000 Jahren lebte.

1

·	10	20	100	1 000
36,50	365,00			
125,75				
0,16				

2

:	1	10	100	1 000
195,20				
61 325,65				
8 576,99				

3

0,5 · 360 =

0,1 · 135 =

0,7 · 500 =

4

0,25 · 240 =

0,75 · 400 =

0,30 · 170 =

5

0,8 · 76 =

0,2 · 45 =

0,5 · 11 =

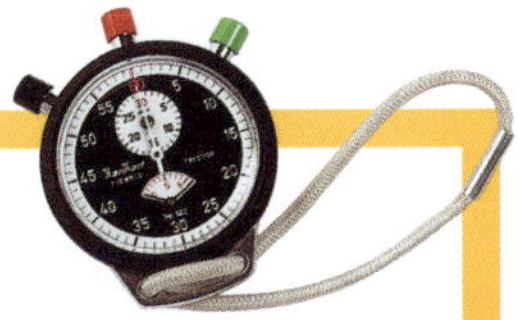

Rechne so weit du kannst. Fertig, los!

6

1,99 · 20 =

2,99 · 18 =

3,99 · 16 =

4,99 · 14 =

5,99 · 12 =

7

$1 + \frac{1}{2} =$

$1\frac{1}{4} + \frac{1}{3} =$

$1\frac{1}{2} + \frac{1}{4} =$

$1\frac{3}{4} + \frac{1}{5} =$

$2 + \frac{1}{6} =$

8

0,0 · 1 000 =

0,1 · 950 =

0,2 · 900 =

0,3 · 850 =

Mathe-fit-Test 4

1

$\frac{1}{2} =$ 0,5 $\quad \frac{1}{8} =$ ___ $\quad \frac{3}{4} =$ ___ $\quad \frac{1}{5} =$ ___

$\frac{1}{4} =$ ___ $\quad \frac{5}{8} =$ ___ $\quad \frac{7}{10} =$ ___ $\quad \frac{3}{5} =$ ___

2

6,50 + 2,50 = ___ 8,20 – 2,70 = ___ 7,99 · 4 = ___

2,75 + 3,99 = ___ 5,38 – 3,99 = ___ 3,50 · 8 = ___

3,80 + 1,60 = ___ 6,10 – 1,50 = ___ 2,98 · 6 = ___

3

$0{,}4 = \frac{4}{10}$ $\frac{2}{5}$ (4 und 10 durchgestrichen) $\quad 0{,}375 =$ ___ $\quad 0{,}9 =$ ___

$0{,}25 =$ ___ $\quad 0{,}625 =$ ___ $\quad 0{,}75 =$ ___

4

0,73 · 100 = ___ 17,50 : 10 = ___ 866,40 : 100 = ___

4,08 · 10 = ___ 6,99 : 10 = ___ 40,38 : 200 = ___

0,50 · 200 = ___ 20,36 : 10 = ___ 190,99 : 100 = ___

5

$\frac{1}{2} + \frac{1}{6} =$ ___ $\quad \frac{4}{5} \cdot \frac{3}{4} =$ ___ $\quad \frac{5}{13} : \frac{2}{7} =$ ___

$\frac{1}{4} + \frac{3}{8} =$ ___ $\quad \frac{1}{2} \cdot \frac{3}{7} =$ ___ $\quad \frac{1}{4} : \frac{3}{9} =$ ___

$\frac{3}{5} - \frac{1}{8} =$ ___ $\quad \frac{5}{9} \cdot \frac{1}{8} =$ ___ $\quad \frac{7}{12} : \frac{3}{8} =$ ___

$\frac{5}{6} - \frac{1}{7} =$ ___ $\quad \frac{1}{4} \cdot \frac{1}{12} =$ ___ $\quad \frac{6}{10} : 4 =$ ___

6

0,5 · 86 = ___ 0,25 · 180 = ___ 0,125 · 96 = ___

0,1 · 94 = ___ 0,8 · 320 = ___ 0,625 · 72 = ___

0,3 · 40 = ___ 0,75 · 800 = ___ 0,875 · 16 = ___

Du hast ☐ Aufgaben richtig gelöst.

1

Aufgabe:	Ich rechne:
3 · 1,7 = 5,1	3 · 17 = 51, dann Komma (1 Stelle!) 5,1
18 · 0,4 = 7,2	18 · 4 = 72, dann Komma (1 Stelle!) 7,2
19 · 0,05 = 0,95	19 · 5 = 95, dann Komma (2 Stellen!) 0,95
1,4 · 0,7 =	14 · 7 = 98, dann Komma (2 Stellen!) 0,98
6 · 1,3 =	
15 · 0,5 =	
12 · 0,08 =	
1,8 · 0,6 =	

2

5 · 1,7 =

9 · 1,7 =

3 · 1,9 =

7 · 1,9 =

6 · 1,2 =

9 · 1,2 =

3

12 · 0,06 =

14 · 0,08 =

18 · 0,07 =

13 · 0,04 =

16 · 0,07 =

19 · 0,08 =

4

1,3 · 0,9 =

1,5 · 0,8 =

1,7 · 0,7 =

1,6 · 0,4 =

1,4 · 0,3 =

1,8 · 0,9 =

5

3,5 + 0,75 + 1,75 =

0,5 + 2,25 + 0,75 =

4,75 + 3,20 + 0,25 =

0,60 + 1,80 + 2,50 =

6

7,10 + 3,75 + 2,90 =

0,60 + 1,30 + 4,20 =

1,99 + 0,99 + 3,99 =

2,50 + 0,25 + 1,99 =

7

Zahl x	50	160	70	180	900	1 000
$\frac{1}{4}$x	$12\frac{1}{2}$					
$\frac{3}{4}$x						
$\frac{1}{2}$x						

1

Aufgabe:	Ich rechne:
$19 \cdot 0{,}007 = 0{,}133$	$19 \cdot 7 = 133$, dann Komma (3 Stellen!) 0,133
$2{,}7 \cdot 5 =$	$27 \cdot 5 =$
$0{,}6 \cdot 1{,}07 =$	
$0{,}04 \cdot 37 =$	

2
$13 \cdot 0{,}007 =$
$15 \cdot 0{,}009 =$
$17 \cdot 0{,}004 =$
$12 \cdot 0{,}008 =$
$16 \cdot 0{,}005 =$
$14 \cdot 0{,}006 =$

3
$2{,}8 \cdot 3 =$
$3{,}2 \cdot 6 =$
$2{,}8 \cdot 5 =$
$3{,}4 \cdot 2 =$
$2{,}8 \cdot 4 =$
$5{,}1 \cdot 7 =$

4
$0{,}3 \cdot 1{,}08 =$
$0{,}4 \cdot 1{,}12 =$
$0{,}9 \cdot 1{,}07 =$
$0{,}6 \cdot 1{,}13 =$
$0{,}2 \cdot 2{,}35 =$
$0{,}3 \cdot 3{,}23 =$

5
$370 + 236 =$
$436 + 199 =$
$740 + 153 =$

6
$890 - 340 =$
$635 - 250 =$
$768 - 499 =$

7
$1\,000 - 480 =$
$1\,000 - 899 =$
$1\,000 - 528 =$

8
$15^2 =$ $14^2 =$ $13^2 =$ $2^6 =$
$12^2 =$ $11^2 =$ $10^3 =$ $5^3 =$

Löse mithilfe der Umkehraufgabe.

9
$\_\_ - \frac{3}{8} = 2\frac{1}{4}$ K: $2\frac{1}{4} + \frac{3}{8} =$
$\_\_ : 17 = 6$ K:
$\_\_ + \frac{3}{4} = 1\frac{1}{3}$ K:
$\_\_ - 63 = 94$ K:
$\_\_ \cdot \frac{5}{6} = 1\frac{1}{4}$ K:
$\_\_ + 99 = 126$ K:
$\_\_ : \frac{2}{3} = 5$ K:

a) $1 : 4 = \frac{1}{4} = \frac{25}{100} = 0{,}25$ b) $1 : 25 = \frac{1}{25} = \frac{4}{100} = 0{,}04$

Schreibe und rechne wie in den Beispielen.

1

1 : 5 = ______

1 : 20 = ______

3 : 4 = ______

6 : 25 = ______

1 : 2 = ______

1 : 8 = ______

4 : 5 = ______

7 : 20 = ______

2*

3 : 5 = ______

1 : 50 = ______

7 : 10 = ______

1 : 100 = ______

3 : 0 = ______

33 : 100 = ______

9 : 25 = ______

7 : 50 = ______

3

4,50 € · 4 =

3,99 € · 6 =

6,20 € · 3 =

0,99 € · 8 =

7,15 € · 2 =

9,98 € · 5 =

4

9,00 € – 2,50 € – 2,50 € =

10,50 € – 1,25 € – 0,75 € =

8,00 € – 2,99 € – 1,99 € =

3,80 € + 1,50 € + 6,20 € =

5,50 € + 3,99 € + 1,99 € =

7,00 € + 8,50 € + 0,99 € =

5

·	0,36	2,8	25	1,5	0,17
3	1,08				
0,7					
10					
0,04					
6					
0,5					

2 *Schreibe „n. l." bei nicht lösbaren Aufgaben.

1 Merke:

3,5 = $3\frac{1}{2}$	0,5 =	2,25 =
0,25 =	0,75 =	1,75 =
2,1 =	0,08 =	3,5 =
0,125 =	0,375 =	0,625 =

2

Aufgabe:	Ich rechne:
3,5 · 230 = 805	3 · 230 = 690 / $\frac{1}{2}$ von 230 = 115 / 690 + 115
2,25 · 1,60 = 3,60	2 · 1,60 = 3,20 / $\frac{1}{4}$ von 1,60 = 0,40 / 3,20 + 0,40
0,375 · 320 =	$\frac{3}{8}$ von 320 / $\frac{1}{8}$
0,07 · 80 =	$\frac{7}{100}$ von 80 / $\frac{1}{100}$
120 · 0,75 =	$\frac{3}{4}$ von 120

3
1,125 · 80 =
0,09 · 170 =
0,25 · 12 =
14 · 4,50 =
350 · 0,03 =

4
0,625 · 24 =
50 · 0,04 =
20 · 2,75 =
3,2 · 40 =
420 · 0,5 =

5
43 · 0,7 =
52 · 0,07 =
0,75 · 64 =
96 · 1,50 =
0,25 · 360 =

6
735 – 299 =
850 – 623 =

7
256 + 199 =
388 + 220 =

8
930 – 799 =
670 – 180 =

9

+	$\frac{1}{2}$	$\frac{1}{4}$	$\frac{1}{5}$
$\frac{3}{4}$			
$\frac{2}{5}$			

10

–	$\frac{1}{2}$	$\frac{1}{3}$	$\frac{1}{5}$
$\frac{3}{4}$			
$\frac{4}{5}$			

1

Aufgabe:	Ich rechne:
3,20 : 4 = 0,80	32 : 4 = 8, dann ist 3,20 : 4 = 0,80
1,80 : 20 = 0,09	180 : 20 = 9, dann ist 1,80 : 20 = 0,09
1,60 : 8 =	16 : 8 = 2, dann ist
7,60 : 19 =	

2

1,80 : 3 =

2,40 : 8 =

3,20 : 8 =

7,20 : 9 =

6,40 : 8 =

2,70 : 3 =

3

1,40 : 20 =

1,20 : 30 =

1,50 : 50 =

2,40 : 80 =

0,60 : 20 =

3,60 : 40 =

4

7,20 : 12 =

13,50 : 15 =

9,80 : 14 =

10,80 : 18 =

9,10 : 13 =

7,50 : 15 =

Rechentrick für (·) mal

Beispiel: schwer: 14 · 19 =

leicht: 19 · 14 = 266

Ich rechne: 20 · 14 = 280, dann – 14.

5

13 · 19 =

15 · 19 =

17 · 19 =

18 · 19 =

6

19 · 12 =

19 · 20 =

19 · 16 =

19 · 11 =

7

25 · 19 =

34 · 19 =

26 · 19 =

35 · 19 =

8

·	$\frac{1}{2}$	$\frac{1}{4}$	$\frac{1}{5}$
$\frac{3}{4}$			

9

:	$\frac{1}{2}$	$\frac{1}{4}$	$\frac{1}{5}$
$\frac{3}{4}$			

1

Aufgabe:	Ich rechne:	Ich kontrolliere:
1,8 : 0,3 = 6 ✓	18 : 3 = 6	6 · 0,3 = 1,8
36 : 0,04 =	3 600 : 4 = 900	900 · 0,04 = 36,00
1,6 : 0,08 =	160 : 8 = 20	20 · 0,08 = 1,60
27 : 0,9 =	270 : 9 =	
0,6 : 0,03 =	60 : 3 =	

Erweitere wie in den Beispielen. Kontrolliere mit der Umkehraufgabe.

2

1,8 : 0,2 = ________ K: · 0,2 = ________

3,5 : 0,7 = ________ K: ________

0,8 : 0,04 = ________ K: ________

2,4 : 0,6 = ________ K: ________

0,08 : 0,02 = ________ K: ________

35 : 0,7 = ________ K: ________

0,6 : 0,02 = ________ K: ________

2,7 : 0,9 = ________ K: ________

0,04 : 0,02 = ________ K: ________

56 : 0,8 = ________ K: ________

4,9 : 0,07 = ________ K: ________

5,08 : 0,1 = ________ K: ________

6,3 : 0,09 = ________ K: ________

5,5 : 0,5 = ________ K: ________

48 : 0,06 = ________ K: ________

3

6 0~~00~~ : 3~~00~~ = ☐

6 000 : 20 = ☐

8 000 : 400 = ☐

4 000 : 200 = ☐

4

32 000 : 4 000 = ☐

1 800 : 600 = ☐

24 000 : 8 000 = ☐

72 000 : 900 = ☐

240 : 60 = ☐

1 800 : 90 = ☐

580 : 20 = ☐

6 400 : 80 = ☐

1

$7,2 : 1,2 =$ ______ K: ______

$4,8 : 1,2 =$ ______ K: ______

$6,0 : 1,2 =$ ______ K: ______

$9,1 : 1,3 =$ ______ K: ______

$3,9 : 1,3 =$ ______ K: ______

$12,6 : 1,4 =$ ______ K: ______

$7,0 : 1,4 =$ ______ K: ______

3

:	10
12,50	
36	
0,75	
7,99	
12,50	
138	
0,17	

2

$1,25 : 0,25 =$ ______ K: ______

$0,75 : 0,25 =$ ______ K: ______

$2,00 : 0,25 =$ ______ K: ______

$1,50 : 0,25 =$ ______ K: ______

$2,25 : 0,25 =$ ______ K: ______

$1,75 : 0,25 =$ ______ K: ______

$2,50 : 0,25 =$ ______ K: ______

4

:	100
163,55	
17,20	
5,99	
750,85	
83,10	
210,99	
99,54	

5 $3\frac{1}{2} : \frac{3}{5} =$ ______ K: ______

6 $2\frac{1}{4} : 1\frac{1}{2} =$ ______ K: ______

7 $4\frac{1}{3} : \frac{1}{4} =$ ______ K: ______

8 $5\frac{3}{4} : 1\frac{2}{3} =$ ______ K: ______

9

−		55	199	
250	170			
		280		335
			721	

10

+	66	125	299
	450		
		720	
			659

A	C	E	G	H	I	K	L	M	N	O	R	S	T	U	W
0	$\frac{1}{1\,000}$	0,05	$\frac{1}{16}$	0,5	0,75	1	1,75	2,4	3,2	8	90	126	437	750	999

$\frac{5}{7} - \frac{45}{63} =$

$\frac{7}{16} - \frac{3}{8} =$

$3^5 - 243 =$

$19 \cdot 23 =$

$50 : 100 =$

$\frac{9}{16} \cdot \frac{0}{70} =$

$0{,}01 \cdot 0{,}1 =$

$\frac{15}{18} - \frac{3}{9} =$

$589 - 499 =$

$1{,}50 : 2 =$

$7 \cdot 18 =$

$238 + 199 =$

$3\frac{3}{4} : 5 =$

$0{,}025 \cdot 2 =$

$\frac{7}{7} \cdot \frac{11}{11} =$

$0{,}75 \cdot 120 =$

$\frac{3}{32} : \frac{1}{8} =$

$8 \cdot 0{,}3 =$

$0{,}125 \cdot 6 =$

$\frac{324}{4} - 9^2 =$

$1\,000 \cdot 0{,}75 =$

$8{,}74 : 0{,}02 =$

$7{,}2 : 0{,}9 =$

$36 : 0{,}4 =$

$3{,}50 - 2{,}75 =$

$12{,}8 \cdot 0{,}25 =$

$9\,990 : 10 =$

$\frac{69}{100} - \frac{16}{25} =$

$4{,}74 - 2{,}99 =$

$4{,}37 \cdot 100 =$

______ ________ ist die meistgelesene

_____ - _______ der ____ .

1 Merke:

$0{,}5 = \frac{1}{2}$ $\quad 0{,}25 = \frac{}{}$ $\quad 0{,}75 = \frac{}{}$ $\quad 0{,}125 = \frac{}{}$

2

0,5 · 420 = ____

0,1 · 633 = ____

0,25 · 3,6 = ____

3

0,75 · 4,0 = ____

0,5 · 760 = ____

0,25 · 72 = ____

4

0,125 · 640 = ____

0,625 · 56 = ____

0,375 · 320 = ____

5

5 · 1,6 = ____

7 · 0,08 = ____

1,7 · 0,3 = ____

6

14 · 0,003 = ____

19 · 0,06 = ____

17 · 0,004 = ____

7

0,8 · 1,04 = ____

0,1 · 5,98 = ____

0,3 · 2,05 = ____

8

4,50 : 9 = ____

6,30 : 7 = ____

0,72 : 8 = ____

9

10,5 : 1,5 = ____

0,9 : 0,03 = ____

8,4 : 1,4 = ____

10*

2,7 : 0,09 = ____

24 : 0,00 = ____

22,5 : 2,5 = ____

Rechne so weit du kannst. Fertig, los!

11

80 · 0,75 = ____

160 · 0,75 = ____

240 · 0,75 = ____

320 · 0,75 = ____

400 · ____

____

____

____

____

____

12

$\frac{1}{20} + \frac{1}{10} =$ ____

$\frac{2}{18} + \frac{1}{9} =$ ____

$\frac{3}{16} + \frac{1}{8} =$ ____

$\frac{4}{14} + \frac{1}{7}$ ____

____

____

____

____

____

____

13

0,25 : 0,05 = ____

0,36 : 0,06 = ____

0,49 : 0,07 = ____

0,64 : 0,08 = ____

____

____

____

____

____

____

10 *Schreibe „n. l." bei nicht lösbaren Aufgaben.

Mathe-fit-Test 5

1

$\frac{5}{8} + \frac{1}{3} =$ ____ $\frac{4}{25} + \frac{3}{5} =$ ____ $2\frac{1}{2} + \frac{3}{4} =$ ____

$1\frac{1}{4} - \frac{1}{2} =$ ____ $\frac{5}{6} - \frac{2}{3} =$ ____ $\frac{7}{8} - \frac{5}{6} =$ ____

2

$22 \cdot 19 =$ $19 \cdot 27 =$ $6 \cdot 29 =$

$15 \cdot 19 =$ $19 \cdot 32 =$ $3 \cdot 39 =$

3

$4 \cdot 1{,}8 =$ $0{,}006 \cdot 18 =$ $0{,}08 \cdot 0{,}9 =$

$15 \cdot 0{,}03 =$ $1{,}06 \cdot 0{,}8 =$ $1{,}25 \cdot 0{,}5 =$

$8 \cdot 0{,}7 =$ $2{,}5 \cdot 1{,}1 =$ $3{,}9 \cdot 0{,}02 =$

4

$6{,}50 + 1{,}99 + 3{,}25 =$ $10{,}00 - 3{,}99 - 1{,}99 =$

$2{,}80 + 4{,}05 + 0{,}99 =$ $9{,}50 - 2{,}50 - 5{,}00 =$

5

$\frac{3}{8} \cdot \frac{3}{4} =$ ____ $\frac{7}{9} \cdot \frac{5}{6} =$ ____ $\frac{9}{25} \cdot \frac{4}{5} =$ ____

$\frac{1}{5} : \frac{2}{3} =$ ____ $\frac{3}{7} : \frac{2}{5} =$ ____ $1\frac{1}{4} : \frac{1}{2} =$ ____

6

$5{,}99 \cdot 4 =$ $12{,}50 \cdot 4 =$ $7{,}99 \cdot 100 =$

$2{,}25 \cdot 3 =$ $13{,}99 \cdot 5 =$ $18{,}75 \cdot 10 =$

7

$2{,}70 : 90 =$ $1{,}6 : 0{,}2 =$ $2{,}1 : 0{,}07 =$

$4{,}20 : 7 =$ $56 : 0{,}8 =$ $0{,}6 : 0{,}01 =$

$7{,}20 : 12 =$ $0{,}8 : 0{,}4 =$ $0{,}72 : 0{,}08 =$

$5{,}40 : 6 =$ $3{,}5 : 0{,}5 =$ $2{,}00 : 0{,}25 =$

$6{,}40 : 80 =$ $9{,}0 : 1{,}5 =$ $680 : 0{,}02 =$

Du hast ☐ Aufgaben richtig gelöst.

1

$60 \cdot 27 =$

120/42/1620

$30 \cdot 57 =$

$50 \cdot 63 =$

2

$38 \cdot 40 =$

$75 \cdot 30 =$

$46 \cdot 80 =$

3

$50 \cdot 94 =$

$85 \cdot 70 =$

$20 \cdot 98 =$

4

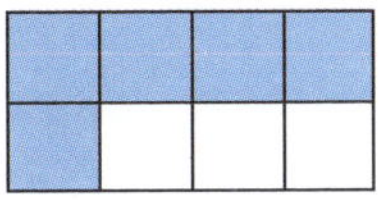

$\frac{5}{8} = 0,$

5

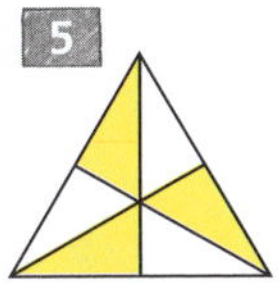

6

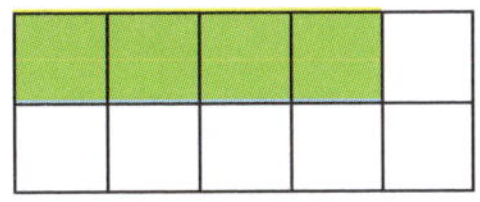

7

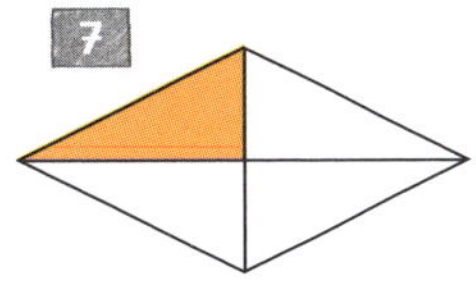

8

$6,83 - 2,99 =$

$5,70 + 3,40 =$

$7,17 - 3,10 =$

$3,85 + 1,99 =$

9

$9,35 : 10 =$

$0,99 : 10 =$

$1,17 \cdot 10 =$

$0,82 \cdot 10 =$

10

$6,99 \cdot 5 =$

$3,80 \cdot 4 =$

$2,99 \cdot 7 =$

$8,12 \cdot 3 =$

11

·	5	7	20	3	8	16	50
12							
25							
15							
75							

12

$0,08 \cdot 40 =$

$0,25 \cdot 80 =$

13

$3,6 \cdot 60 =$

$1,5 \cdot 46 =$

14

$30 \cdot 0,04 =$

$0,75 \cdot 52 =$

1 $19 \cdot 16 =$ ____

320/304

$18 \cdot 19 =$ ____

2 $19 \cdot 23 =$ ____

$24 \cdot 19 =$ ____

3 $42 \cdot 19 =$ ____

$19 \cdot 36 =$ ____

4 $\frac{5}{7} = \frac{45}{\square}$

$\frac{35}{63} = \frac{\square}{9}$

5 $\frac{3}{8} = \frac{21}{\square}$

$\frac{72}{100} = \frac{\square}{25}$

6 $\frac{12}{15} = \frac{72}{\square}$

$\frac{45}{60} = \frac{3}{\square}$

7 $\frac{7}{25} = \frac{42}{\square}$

$\frac{64}{68} = \frac{16}{\square}$

8
9,70 – 4,99 = ____
7,50 – 3,60 = ____
3,25 + 6,40 = ____
1,98 + 5,76 = ____

9
7,99 · 4 = ____
5,60 · 8 = ____
2,98 · 7 = ____
9,30 · 9 = ____

10
17,96 : 10 = ____
24,80 : 20 = ____
50,33 : 10 = ____
68,24 : 20 = ____

11 $\frac{3}{7} + \square = 1\frac{1}{2}$ K: ____

12 $\frac{6}{5} + \square = 1\frac{1}{4}$ K: ____

13 $\frac{1}{3} + \square = 1\frac{3}{5}$ K: ____

14 $\frac{4}{9} + \square = 1\frac{2}{3}$ K: ____

15

·	1,80	160	0,6	34	6,30	1 500	0,05
0,5							
1,5							
0,2							

1

$42 : 0{,}1 =$ ___

$2{,}40 : 80 =$ ___

$57 : 0{,}01 =$ ___

$2{,}70 : 0{,}9 =$ ___

2

$0{,}63 : 0{,}09 =$ ___

$8{,}40 : 0{,}2 =$ ___

$0{,}24 : 0{,}06 =$ ___

$790 : 0{,}1 =$ ___

3

$12 : 0{,}3 =$ ___

$1{,}20 : 4 =$ ___

$150 : 0{,}5 =$ ___

$0{,}80 : 0{,}1 =$ ___

4

·	10	1	0,1	0,5
13,50				
7,20				
24,80				
0,60				

5 ___ $\cdot \frac{3}{4} = 1\frac{1}{2}$ K: ___

6 ___ $\cdot \frac{7}{15} = \frac{5}{12}$ K: ___

7 ___ $\cdot \frac{5}{8} = 3\frac{1}{4}$ K: ___

8 ___ $\cdot \frac{7}{12} = \frac{3}{5}$ K: ___

9

$267 + 430 =$ ___

$382 + 599 =$ ___

$748 - 199 =$ ___

$968 - 450 =$ ___

10

$2{,}70 : 9 =$ ___

$2{,}50 : 5 =$ ___

$6{,}30 : 7 =$ ___

$5{,}60 : 8 =$ ___

11

$3 \cdot$ ___ $= 225$

$7 \cdot$ ___ $= 105$

$9 \cdot$ ___ $= 108$

$7 \cdot$ ___ $= 175$

12

+	$\frac{1}{4}$	$\frac{1}{2}$	$\frac{1}{8}$	$\frac{1}{6}$	$\frac{1}{3}$	$\frac{1}{10}$
$\frac{1}{4}$						
$\frac{1}{2}$						

1 | 4 | · 1,8 = 7,2 ✓ K: 7,2 : 1,8 = 72 : 18 = 4

2 | | · 1,5 = 13,5 K: ______

3 | | · 1,3 = 10,4 K: ______

4 | | · 1,7 = 8,5 K: ______

5 | | · 1,9 = 7,6 K: ______

6 | | · 1,4 = 12,6 K: ______

7 | | · 1,6 = 9,6 K: ______

8

28 ~~000~~ : 7 ~~000~~ =

45 000 : 900 =

2 400 : 800 =

72 000 : 9 000 =

9

284 + 399 =

895 – 240 =

170 + 330 =

743 – 598 =

10

6 · 68 =

4 · 83 =

7 · 48 =

9 · 72 =

11

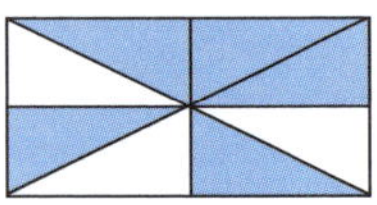

$\frac{5}{8}$ = 0,

12

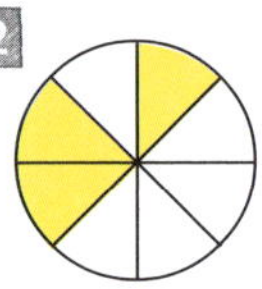

— = 0,

13

— = 0,

14

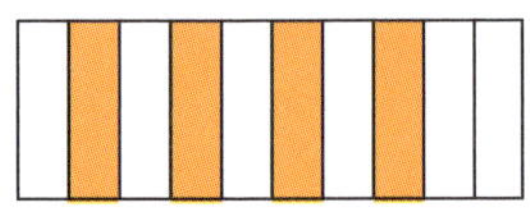

— =

15*

–	$\frac{1}{4}$	$\frac{1}{2}$	$\frac{1}{3}$	$\frac{3}{5}$
$\frac{5}{6}$	$\frac{10-3}{12} = \frac{7}{12}$			
$\frac{3}{4}$				
$1\frac{1}{2}$				
$\frac{4}{5}$				
$\frac{1}{4}$				

15 *Schreibe „n. l.“ bei nicht lösbaren Aufgaben.

1 ___ : 1,7 = 4 K: 4 · 1,7 = ___

2 ___ : 0,05 = 13 K: ___

3 ___ · 0,2 = 16 K: ___

4 ___ · 9 = 8,1 K: ___

5 ___ + 1,65 = 5,80 K: ___

6 ___ + 0,99 = 4,72 K: ___

7 ___ · 2,5 = 7,5 K: ___

8 ___ · 0,09 = 2,7 K: ___

9 ___ – 4,99 = 8,50 K: ___

10 ___ – 1,25 = 3,75 K: ___

11 ___ : 10 = 4,08 K: ___

12 ___ : 0,002 = 17 K: ___

13
$\frac{5}{12} + \frac{7}{18} =$ ___

$\frac{6}{7} + \frac{4}{5} =$ ___

$\frac{7}{25} + \frac{9}{10} =$ ___

$\frac{8}{15} + \frac{5}{6} =$ ___

14
$\frac{14}{20} - \frac{3}{8} =$ ___

$\frac{15}{36} - \frac{5}{12} =$ ___

$\frac{11}{16} - \frac{13}{20} =$ ___

$\frac{13}{25} - \frac{1}{2} =$ ___

15

·	$\frac{1}{3}$	$\frac{1}{2}$	$\frac{3}{10}$	$\frac{3}{7}$	$\frac{5}{12}$	$\frac{7}{25}$	$\frac{8}{13}$
$\frac{1}{6}$							
$\frac{3}{4}$							
$\frac{5}{8}$							

1 Merke:

$0{,}5 = \frac{1}{2}$	$0{,}2 = \frac{}{} \frac{}{}$	$0{,}125 = \frac{}{}$	$0{,}01 = \frac{}{}$
$0{,}25 = \frac{}{}$	$0{,}4 = \frac{}{} \frac{}{}$	$0{,}375 = \frac{}{}$	$0{,}05 = \frac{}{} \frac{}{}$
$0{,}75 = \frac{}{}$	$0{,}6 = \frac{}{} \frac{}{}$	$0{,}625 = \frac{}{}$	$0{,}001 = \frac{}{}$
$0{,}1 = \frac{}{}$	$0{,}8 = \frac{}{} \frac{}{}$	$0{,}875 = \frac{}{}$	$0{,}005 = \frac{}{} \frac{}{}$

2	**3**	**4**
$0{,}1 \cdot 3\,600 =$	$0{,}125 \cdot 96 =$	$0{,}1 \cdot 4{,}2 =$
$0{,}75 \cdot 28 =$	$0{,}001 \cdot 70 =$	$0{,}5 \cdot 8{,}4 =$
$0{,}01 \cdot 4\,200 =$	$0{,}625 \cdot 64 =$	$0{,}7 \cdot 3{,}5 =$
$0{,}25 \cdot 220 =$	$0{,}007 \cdot 80 =$	$0{,}2 \cdot 0{,}2 =$
$0{,}2 \cdot 1\,000 =$	$0{,}375 \cdot 24 =$	$0{,}5 \cdot 6{,}6 =$
$0{,}1 \cdot 870 =$	$0{,}003 \cdot 61 =$	$0{,}9 \cdot 1{,}8 =$
$0{,}05 \cdot 900 =$	$0{,}125 \cdot 72 =$	$0{,}4 \cdot 2{,}5 =$
$0{,}7 \cdot 310 =$	$0{,}875 \cdot 48 =$	$0{,}6 \cdot 3{,}0 =$
$0{,}03 \cdot 700 =$	$0{,}005 \cdot 10 =$	$0{,}1 \cdot 9{,}7 =$
$0{,}25 \cdot 360 =$	$0{,}375 \cdot 16 =$	$0{,}5 \cdot 7{,}6 =$

5

:	$\frac{1}{4}$	$\frac{1}{10}$	20	$\frac{5}{6}$	7
$\frac{3}{4}$					
36					
$\frac{1}{8}$					
$1\frac{1}{5}$					

1

$3{,}5 \cdot 0{,}5 =$ ____
$3{,}5 : 0{,}5 =$ ____

$36 \cdot 0{,}1 =$ ____
$36 : 0{,}1 =$ ____

$4{,}5 \cdot 0{,}5 =$ ____
$4{,}5 : 0{,}5 =$ ____

$100 \cdot 0{,}25 =$ ____
$100 : 0{,}25 =$ ____

2

$2{,}7 \cdot 0{,}9 =$ ____
$2{,}7 : 0{,}9 =$ ____

$480 \cdot 0{,}2 =$ ____
$480 : 0{,}2 =$ ____

$0{,}6 \cdot 0{,}3 =$ ____
$0{,}6 : 0{,}3 =$ ____

$20 \cdot 0{,}5 =$ ____
$20 : 0{,}5 =$ ____

3

$380 \cdot 0{,}02 =$ ____
$380 : 0{,}02 =$ ____

$2{,}4 \cdot 0{,}8 =$ ____
$2{,}4 : 0{,}8 =$ ____

$30 \cdot 0{,}01 =$ ____
$30 : 0{,}01 =$ ____

$5{,}6 \cdot 0{,}7 =$ ____
$5{,}6 : 0{,}7 =$ ____

4

$9^2 =$ ____ $15^2 =$ ____ $11^2 =$ ____ $7^2 =$ ____
$12^2 =$ ____ $8^2 =$ ____ $14^2 =$ ____ $13^2 =$ ____

5

____ $: 10 = 0{,}85$ ____ $: 100 = 0{,}56$ ____ $: 20 = 5{,}90$
____ $\cdot 10 = 1{,}26$ ____ $\cdot 100 = 23{,}0$ ____ $\cdot 30 = 1{,}20$

6

$719 - 310 =$ ____
$862 - 598 =$ ____
$335 + 250 =$ ____
$476 + 399 =$ ____

7

$3{,}99 \cdot 5 =$ ____
$7{,}15 \cdot 2 =$ ____
$4{,}98 \cdot 4 =$ ____
$5{,}50 \cdot 8 =$ ____

8

$4{,}80 : 8 =$ ____
$2{,}80 : 7 =$ ____
$3{,}60 : 4 =$ ____
$7{,}20 : 9 =$ ____

9

+		62		99
47	90		200	
		80		
				164

10*

−	33	99		
	66			75
		53		
85			5	

10 *Schreibe „n. l." bei nicht lösbaren Aufgaben.

A	B	E	F	I	K	N	R	S	T	U	Z	Ä	.
0	0,047	$\frac{5}{72}$	0,54	$\frac{3}{4}$	0,84	1	2,65	8	39	120	763	900	1 000

$1{,}8 \cdot 0{,}3 =$

$8{,}64 - 5{,}99 =$

$15^2 - 3 \cdot 75 =$

$\frac{5}{7} : \frac{20}{28} =$

$364 + 399 =$

$75 : 100 =$

$0{,}56 : 0{,}07 =$

$1{,}4 \cdot 0{,}6 =$

$0{,}0 : 1{,}5 =$

$738 - 699 =$

$\frac{9}{28} + \frac{3}{7} =$

$0{,}01 \cdot 4{,}7 =$

$48 : 0{,}4 =$

$1{,}80 + 0{,}85 =$

$13^2 - 130 =$

$\frac{15}{32} : \frac{5}{8} =$

$720 \cdot \frac{1}{6} =$

$200 : 25 =$

$\frac{5}{12} \cdot \frac{1}{6} =$

$5{,}30 : 2 =$

$807 - 799 =$

$312 \cdot \frac{1}{8} =$

$\frac{5}{108} : \frac{2}{3} =$

$180 : \frac{1}{5} =$

$0{,}53 \cdot 5 =$

$1\,000 - 237 =$

$7{,}8 : 0{,}2 =$

$1{,}50 : 2 =$

$14^2 - 195 =$

$301 + 699 =$

_ _ _ _ _ _ _ _ _ _ _ _ _ _ _ _ _ _ lebte 1843 bis 1927.

Sie war die _ _ _ _ _ praktische _ _ _ _ _ _ Deutschlands _

1

$1{,}25 \cdot 0{,}2 =$

$13 \cdot 0{,}003 =$

$5 \cdot 1{,}9 =$

$0{,}3 \cdot 1{,}22 =$

$7 \cdot 0{,}6 =$

$0{,}08 \cdot 0{,}4 =$

$4{,}3 \cdot 0{,}02 =$

$0{,}006 \cdot 17 =$

$60 \cdot 0{,}3 =$

$0{,}1 \cdot 6{,}97 =$

$0{,}7 \cdot 0{,}5 =$

2

$4{,}5 : 1{,}5 =$

$0{,}9 : 0{,}3 =$

$3{,}60 : 0{,}6 =$

$17{,}5 : 2{,}5 =$

$9{,}6 : 1{,}2 =$

$4{,}8 : 0{,}6 =$

$8{,}4 : 1{,}4 =$

$48 : 0{,}8 =$

$13{,}5 : 1{,}5 =$

$10{,}8 : 1{,}2 =$

$5{,}2 : 1{,}3 =$

3

$1{,}5 \cdot 4{,}80 =$

$72 \cdot 0{,}5 =$

$1{,}2 \cdot 400 =$

$0{,}5 \cdot 320 =$

$1{,}5 \cdot 800 =$

$0{,}25 \cdot 4{,}20 =$

$1{,}25 \cdot 200 =$

$3{,}2 \cdot 0{,}25 =$

$3{,}6 \cdot 0{,}5 =$

$2{,}5 \cdot 300 =$

$8 \cdot 0{,}75 =$

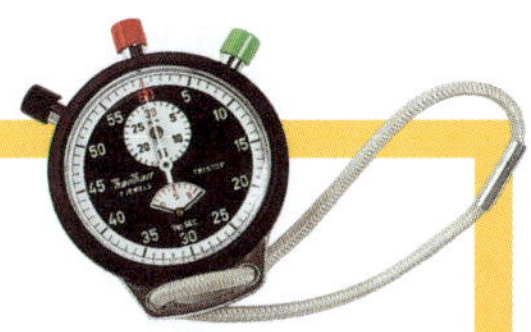

Rechne so weit du kannst. Fertig, los!

4

$10\,000 - 15^2 =$

$9\,600 - 14^2 =$

$9\,200 - 13^2 =$

$8\,800 - 12^2 =$

5

$300 \cdot 0{,}01 =$

$600 \cdot 0{,}02 =$

$900 \cdot 0{,}03 =$

$1\,200 \cdot 0{,}04 =$

6

$\frac{1}{2} + \frac{1}{3} =$

$\frac{1}{3} + \frac{1}{4} =$

$\frac{1}{4} + \frac{1}{5} =$

$\frac{1}{5} + \frac{1}{6} =$

Mathe-fit-Test 6

1

$325 + 460 =$

$263 + 599 =$

$595 + 87 =$

$160 + 633 =$

$487 + 398 =$

2

$\frac{3}{7} + \frac{5}{6} =$

$1\frac{1}{2} + \frac{3}{4} =$

$\frac{7}{15} + \frac{4}{5} =$

$\frac{2}{3} + \frac{3}{7} =$

$2\frac{1}{4} + \frac{5}{8} =$

3

$3{,}55 + 0{,}80 =$

$17{,}08 + 2{,}60 =$

$1{,}75 + 0{,}75 =$

$16{,}99 + 3{,}01 =$

$8{,}35 + 3{,}99 =$

4

$620 - 130 =$

$485 - 399 =$

$710 - 520 =$

$933 - 698 =$

$844 - 510 =$

5

$\frac{5}{7} - \frac{5}{6} =$

$\frac{3}{4} - \frac{2}{7} =$

$1\frac{2}{3} - \frac{1}{2} =$

$\frac{7}{9} - \frac{5}{8} =$

$\frac{9}{10} - \frac{3}{4} =$

6

$7{,}65 - 4{,}99 =$

$1{,}50 - 0{,}75 =$

$3{,}10 - 2{,}50 =$

$6{,}75 - 0{,}80 =$

$8{,}33 - 6{,}98 =$

7

$132 \cdot 3 =$

$75 \cdot 6 =$

$4 \cdot 398 =$

$16 \cdot 30 =$

$699 \cdot 9 =$

8

$\frac{3}{4} \cdot \frac{2}{3} =$

$\frac{7}{9} \cdot \frac{5}{8} =$

$40 \cdot \frac{1}{4} =$

$\frac{5}{7} \cdot \frac{9}{10} =$

$7 \cdot \frac{5}{6} =$

9

$0{,}375 \cdot 40 =$

$2{,}99 \cdot 7 =$

$14{,}20 \cdot 5 =$

$6 \cdot 3{,}99 =$

$0{,}75 \cdot 320 =$

10

$420 : 7 =$

$150 : 25 =$

$98 : 14 =$

$560 : 80 =$

$945 : 3 =$

11

$\frac{1}{5} : \frac{3}{4} =$

$\frac{3}{8} : \frac{5}{7} =$

$\frac{1}{2} : \frac{1}{6} =$

$1\frac{3}{4} : \frac{5}{8} =$

$20 : \frac{1}{5} =$

12

$4{,}2 : 0{,}07 =$

$8{,}4 : 1{,}2 =$

$24 : 0{,}06 =$

$500 : 0{,}5 =$

$0{,}63 : 0{,}9 =$

Du hast ☐ Aufgaben richtig gelöst.